Axolotl

von
Joachim Wistuba

Natur und Tier - Verlag

Bildnachweis Umschlag
Titelbild: *Ambystoma mexicanum* Foto: J. Pfeiffer
Hintergrund: Hautstruktur von *Ambystoma mexicanum* Foto: M. Schmidt
Rückseite von oben nach unten:
 „Frühe Larve" des braunen Farbtyps Foto: H. Wallays
 „Humphrey-Albino"-Weibchen Foto: F. Ambrock
 Ambystoma mexicanum Foto: M. Schmidt
Erste Seite: *Ambystoma mexicanum* Foto: F. Ambrock

Die in diesem Buch enthaltenen Angaben, Ergebnisse, Dosierungsanleitungen etc. wurden vom Autor nach bestem Wissen erstellt und sorgfältig überprüft. Da inhaltliche Fehler trotzdem nicht völlig auszuschließen sind, erfolgen diese Angaben ohne jegliche Verpflichtung des Verlages oder des Autors. Beide übernehmen daher keine Haftung für etwaige inhaltliche Unrichtigkeiten.
Alle Rechte, insbesondere das Recht der Vervielfältigung und Verbreitung sowie der Übersetzung, vorbehalten. Kein Teil des Werkes darf in irgendeiner Form (Druck, Fotokopie, Mikrofilm oder andere Verfahren) ohne schriftliche Genehmigung des Verlages reproduziert oder unter Verwendung elektronischer Systeme verarbeitet, gespeichert oder vervielfältigt werden.

5. Auflage 2022

ISBN 978-3-86659-290-2

© 2005 Natur und Tier - Verlag GmbH
An der Kleimannbrücke 39/41
48157 Münster
www.ms-verlag.de

Geschäftsführung: Matthias Schmidt
Lektorat: Heiko Werning/Axel Kwet
Layout: Sibylle Manthey
Druck: Pario Print, Krakau

Inhaltsverzeichnis

Danksagung 4

Vorwort und Danksagung zur vierten Auflage 4

Einleitung 5

Historisches 8

Haltung und Zucht 14
    Haltung 14
    Zucht und Entwicklung 30
    Krankheiten 40

Zur Biologie 47
    Systematische Zuordnung und Familienmerkmale 47
    Vorkommen 56
    Morphologie und Färbungen 59
    Neotenie und Metamorphose 67
    Verhalten 77

Internet und Colonies – Axolotl im Netz 85

Axolotl als Gegenstand der Forschung 86

Glossar 95

Literaturverzeichnis 97

L'Axolotl des mexicains
nach CUVIER

Danksagung

Im Rahmen der Entstehung dieses Buches bin ich zahlreichen Personen zu Dank verpflichtet: Henk Wallays danke ich für die Überlassung zahlreicher Abbildungen, die kritische Durchsicht des Manuskripts und die hilfreichen Anmerkungen.

An der Herstellung der rasterelektronenmikroskopischen Bilder war J. Lange beteiligt. Prof. Dr. G. Clemen, Prof. Dr. H. Greven, Dipl.-Biol. A. Opolka, Dipl.-Biol. J. Ehmcke und besonders Dip.-Biol. L. Lewejohann danke ich für Anregungen, Diskussion und die Bereitstellung von Literatur. Für die Überlassung der Bilder zur Entwicklung des Salinenkrebschens schulde ich Frau Dr. G. Sundermann herzlichen Dank.

Heiko Werning gilt besonderer Dank für das hervorragende Erstlektorat, die Betreuung und Anregungen zum Manuskript.

Vorwort und Danksagung zur vierten Auflage

An dieser Stelle zunächst ein herzlicher Dank an den Natur und Tier - Verlag für die Möglichkeit, den „Axolotl" ein weiteres Mal zu überarbeiten und zu ergänzen. Verbunden mit den ersten drei Auflagen haben mich zahlreiche Leserkommentare und Anfragen erreicht, die zu fruchtbaren Diskussionen führten und schließlich in den Überarbeitungen resultierten, die in diese neue Auflage eingeflossen sind. Ihnen allen, besonders aber Christina Allmeling, möchte ich in diesem Zusammenhang danken, auch für Hinweise auf einige inhaltliche Fehler im Text, die nunmehr hoffentlich ausgemerzt sind. Ebenso danke ich Ulrich Göbel, der mich auf einen neotenen Teichmolch aufmerksam machte und mir Bilder zur Verfügung gestellt hat.

Ein großes Dankeschön auch an Prof. Dr. Fritz Jürgen Obst und die Arbeitsgruppe Literatur und Geschichte der Herpetologie und Terrarienkunde in der DGHT für die Möglichkeit, anlässlich des Jahrestreffens 2012 in Erfurt nochmals viel über die Wissenschaftsgeschichte mit Bezug auf den Axolotl dazuzulernen – die Essenz der dortigen Diskussionen und Anregungen ist nun im neu gefassten Schlusskapitel gebündelt.

Für das erneute Lektorat und die professionelle Begleitung der 4. Auflage danke ich Axel Kwet und schließlich – wie jedes Mal – meiner Frau Cornelia und meiner Tochter Anna, die Axolotl erfreulicherweise auch sehr spannend finden.

Dr. Joachim Wistuba

Einleitung

Der umgangssprachliche Name für *Ambystoma mexicanum* (SHAW, 1798) – Axolotl – kommt aus dem Indianischen Mittelamerikas. Übersetzt bedeutet dieser Begriff soviel wie „Wassermonster" (SMITH 1989). Monster sind diese Schwanzlurche (Urodelen) aus der Familie der Querzahnmolche (Ambystomatidae) sicher nicht, doch erscheint ihr Äußeres bei näherer Betrachtung hinreichend skurril, um die Bezeichnung plausibel erscheinen zu lassen.

Bereits 1863 sind diese Tiere in Europa bekannt geworden, nachdem das Expeditionskorps General Foreys einige wenige lebende Exemplare dieser dort endemisch vorkommenden Art aus Mexiko mit nach Paris bringen konnte. Die Fachwelt war verblüfft, gab es doch bis dahin keine Erklärung, wieso sich ein larval erscheinender Molch erfolgreich fortpflanzen konnte (SMITH 1989).

In ihrer ursprünglichen Heimat, dem System aus Teichen und Gräben der mexikanischen Hochebene in der Region des Xochimilco- und Chalco-Sees (SMITH & SMITH 1971; BRANDON 1989), sind Axolotl durch anthropogene Ursachen so gut wie ausgestorben. Verantwortlich hierfür sind die – aufgrund der in Mexiko herrschenden Bevölkerungsexplosion – starke Einengung des Lebensraumes sowie die gerade in diesem Schwellenland noch sehr drastische Umweltverschmutzung. In dieser semiariden Region konnte sich aufgrund einer eigentümlichen Kombination von Umweltbedingungen ein relativ seltenes evolutives Phänomen entwickeln, nämlich das der Neotenie, das hier als eine bestimmte Form von Teilmetamorphose zu verstehen ist (NOBLE 1931).

Da die Umgebung der aquatischen Biotope dieser Schwanzlurche im Verlauf der Erdge-

Diese italienische Karte aus dem 16. Jahrhundert zeigt den Texcoco-See, die natürliche Heimat des Axolotl, mit der Stadtanlage von Tenochtitlan, dem späteren Mexico City.

Einleitung

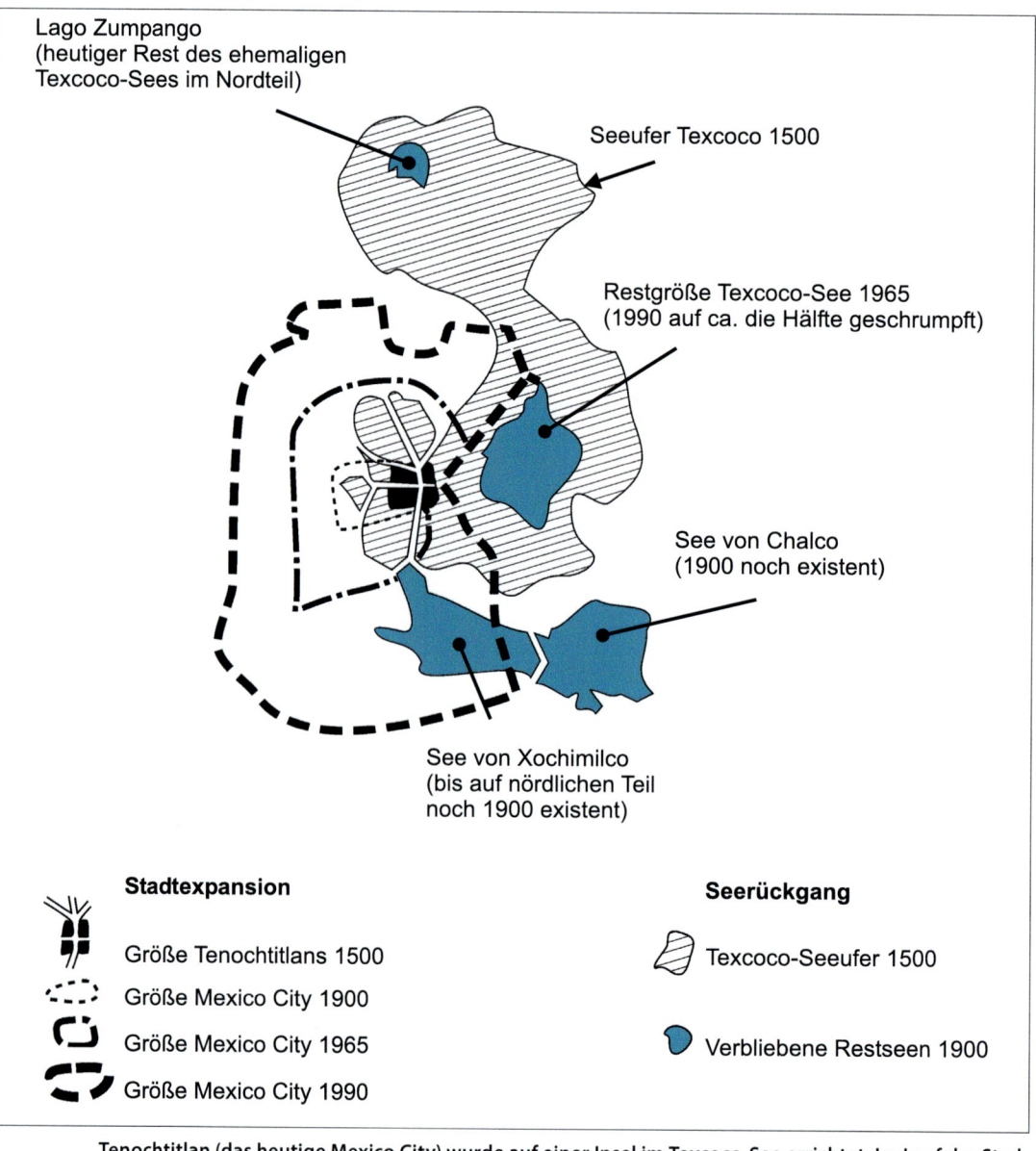

Tenochtitlan (das heutige Mexico City) wurde auf einer Insel im Texcoco-See errichtet. Im Lauf der Stadtentwicklung wurde der See, die Heimat des Axolotls, immer weiter trockengelegt und besiedelt. Heute gibt es nur noch kleine Reste des ursprünglichen Seensystems, die die letzten möglichen Rückzugsgebiete für das natürliche Vorkommen des Axolotls darstellen. Die Karte nach Mehnert (1992) zeigt die Stadtexpansion und den Seerückgang vom 15. bis in das 20. Jahrhundert. Heute, zu Beginn des 21. Jahrhunderts, dürfte die verbliebene Rest-Seenfläche noch einmal um die Hälfte geschrumpft sein.

Einleitung

Mexico City ist mit geschätzten 20 Millionen Einwohnern eine der größten Städte der Welt. Die verbliebenen Seereste (Xochimilco) sind wahrscheinlich der letzte „natürliche" Lebensraum von *Ambystoma mexicanum*. Möglicherweise ist die Art in freier Natur schon ausgerottet.

schichte zunehmend austrocknete, konnten nur Tiere im Gewässer überleben, bei denen die Metamorphose – also der zwischenzeitlich lebensbedrohend gewordene Landgang – genetisch bedingt unterdrückt blieb, deren Fortpflanzungsfähigkeit sich jedoch in den späten Larvenstadien ausbildete, so dass die Art erhalten blieb. Über die Fähigkeit der Fortpflanzung hinaus treten bei diesem „Stehenbleiben" (Arretierung) in der Individualentwicklung der Tiere in der Teilmetamorphose Veränderungen gegenüber der larvalen Körpergestalt auf, die erst bei genauer Betrachtung auffallen (NOBLE 1931). Die Ambystomatiden zeigen, bezogen auf ihre systematische Einordnung, viele so genannte ursprüngliche Merkmale (ursprünglich wird dabei als phylogenetisch [d. h. entwicklungsgeschichtlich]

alt verstanden), neben einigen fortschrittlichen (d. h. phylogenetisch jungen). Ihre exakte entwicklungsgeschichtliche Ableitung ist bis heute nicht abschließend geklärt (DUELLMAN & TRUEB 1985).

Mexikanische Axolotl gehören zu den Tierarten, die heutzutage hauptsächlich in Laboranlagen und Aquarien existieren. Ihre mit vergleichsweise wenig technischem Aufwand mögliche Haltung und Zucht in Aquarien hat sogar dazu geführt, dass seit einigen Jahren der Schutz der Art durch das Washingtoner Artenschutzabkommen aufgehoben werden konnte, so dass die Tiere zunehmend auch wieder im Handel auftauchen. Daher wurden seitens der Deutschen Gesellschaft für Herpetologie und Terrarienkunde 2009 Richtlinien für die Erhaltungszucht des Axolotls veröffentlicht, die auch die Bedeutung der Nachzucht in Gefangenschaft für die Arterhaltung unterstreichen (Captive Care Management Paper; ALLMELING 2009). Wie groß das Interesse an dieser Lurchart ist, bestätigen die nach Hunderten zählenden wissenschaftlichen, populärwissenschaftlichen und in Buchform erschienenen Veröffentlichungen, darüber hinaus auch etliche Beiträge im Internet, insbesondere aus dem englischsprachigen Raum. Dennoch erscheinen viele Fragen nicht endgültig gelöst, und zahlreiche Forscher weltweit beschäftigen sich auch weiterhin mit diesem Objekt. Damit scheint die Zeit gekommen, diesen Tieren in Form des vorliegenden Bandes Aufmerksamkeit zukommen zu lassen, um auch allen nicht nur professionell Interessierten eine Zusammenfassung wichtiger Hinweise zur Biologie, zu Zucht und Haltung, zum Verhalten, zu den Krankheiten und Ansprüchen sowie einigen wenigen Aspekten über die Verwendung dieser Molche in der wissenschaftlichen Forschung zu geben.

Historisches

Wie bei den meisten Tierarten gehen die Entdeckung des Axolotls und die intensivere Beschäftigung mit diesen Molchen durch den Menschen auf deren Verwendung als Ergänzung des Speisezettels zurück. Das Interesse der auf dem mexikanischen Plateau lebenden Indianer, die den Tieren ihren Namen gaben, war zunächst kulinarischer Natur, da in diesem Seensystem, dessen Flora und Fauna heute erheblichen anthropogenen (= vom Menschen verursachten) Einflüssen unterliegen, nur wenige größere Fischarten vorkommen (SMITH 1989). Noch bis in die dreißiger Jahre des 20. Jahrhunderts wurden Axolotl auf den Märkten von Mexico City als Lebensmittel angeboten (FREYTAG 1991).

Der Name dieser Schwanzlurche ist aus der aztekischen Sprache entlehnt und entstand aus dem Namen des Gottes Xolotl, aus dem im Spanischen „ajolote" wurde. Er bedeutet soviel wie „Wassermonster" oder „Wassersklave" (THOMAS 1976; SMITH 1989). Diese wörtliche Bedeutung ist wohl aus den Mythen um die indianische Gottheit abzuleiten, die offenbar in vielen Erscheinungsformen – auch weniger hübschen – verehrt wurde.

Im Zusammenhang mit der Eroberung Mexikos durch die Spanier kamen erstmals Europäer mit diesem Ambystomatiden in Berührung. Mit den Konquistadoren gelangten auch die ersten Naturforscher in die Neue Welt, unter

Fischen im Texcoco-See. Axolotl wurden von der Zeit der Azteken bis in die 30er Jahre des 20. Jahrhunderts als Nahrungsquelle genutzt, da es in diesem Seensystem nur wenige größere Fischarten gibt.

Historisches

Mexikanische Sirede oder
Axolotl, *Siredon mexicanus*
nach SCHINZ (1833)

ihnen Francisco HERNÁNDEZ DE TOLEDO, der in seinem Werk über die Pflanzen und Tierwelt „Neu-Spaniens" 1615 als Erster den Axolotl als einen „Fisch mit Beinen" beschrieb (DIBBLE & ANDERSON 1963). Erst knapp zwei Jahrhunderte später jedoch, in der Blütezeit der systematischen Kategorisierung der Lebewesen, wurde der Axolotl anhand konservierter Typusexemplare wissenschaftlich beschrieben. Dieses Verdienst gebührt dem britischen Zoologen George Shaw und seinem Illustrator Frederick Polydore Nodder, die 1798 in der Reihe „The Naturalist's Miscellany" den mexikanischen Axolotl in die zoologische Systematik einordneten (SHAW & NODDER 1798; SMITH 1989; WISTUBA 2013). Es überrascht allerdings nicht, dass in dieser frühen Phase der systematischen Beschreibung die Einordnung der Tiere noch bis ins 19. Jahrhundert ungenau und die Zuordnung und Benennung oft verworren blieb – war doch fast nichts bekannt außer der Tatsache, dass es sich bei den Tieren um Molchlarven aus mexikanischen Seen handelte. Das dürfte daran gelegen haben, dass zu diesem Zeitpunkt nur wenige konservierte Exemplare vorhanden waren; ein Zustand, der sich erst mit der Rückkehr Alexander von Humboldts von seiner Südamerikareise änderte. Humboldt brachte die beiden ersten lebenden weiblichen Tiere nach Europa, und die in seinem Reisebericht enthaltenen Skizzen sind die bis dahin exaktesten Darstellungen von *Ambystoma mexicanum* (HUMBOLDT 1806). Die beiden Axolotl gelangten in das Pariser Naturkundemuseum zu dem renommierten Zoologen Georges Cuvier (1769–1832), der sie für die Wissenschaft beschrieb. CUVIER verlieh dem Axolotl 1822 in seinem Werk „Le Regne Animal" Artstatus, hielt die Tiere jedoch für die Larven eines Landsalamanders, der noch nicht gefunden worden war. Diese Annahme wurde lange Zeit debattiert und erst mit der Entdeckung der neotenen Lebensweise der Tiere viele Jahre später aufgelöst (Übersicht bei WISTUBA 2013).

Ende des 19. Jahrhunderts wurde der Axolotl auch in Deutschland einem breiteren Publikum bekannt. Als Axolotl wurden zu dieser Zeit zwar auch andere, nicht neotene *Ambystoma*-Arten bezeichnet, weswegen sich die Darstellungen der Arten noch häufig vermischen, doch wird die Entdeckung und Beschreibung von *A. mexicanum* in der 1893 erschienenen Volksausgabe von Brehms Tierleben (SCHMIDTLEIN 1893) wie folgt geschildert: „In der Nähe der Stadt Mexiko ... gibt es eine Art Seefische mit weicher Haut und vier Füßen, wie sie Eidechsen haben, eine Spanne lang und einen Zoll dick, Axolotl oder Wasserspiel genannt. Der Kopf ist nieder gedrückt und groß; die Zehen wie bei den Fröschen. Die Färbung ist schwarz und fleckig braun. Das Tier hat seinen Namen von der ungewöhnlichen und spaßhaften Gestalt erhalten." Hier wird also ein un-

Historisches

gewöhnliches und offenbar lustiges Tier vorgestellt, von dem auch bereits bekannt war, dass es in seiner Heimat als wohlschmeckend galt, denn weiter heißt es: „Sein Fleisch gleicht dem der Aale, ist gesund und schmackhaft und wird gebraten, geschmort und gesotten gegessen." Derartige Angaben sind typisch für diese Zeit, damals ging Zoologie immer auch durch den Magen – kein Axolotl-Besitzer käme wohl heute auf den Gedanken, seine Tiere zu grillen.

Dass Axolotl aber etwas sehr Besonderes darstellen, wurde seinerzeit bereits ebenso erkannt wie die Tatsache, dass es sich offenbar um eine permanente Larvenform zu handeln schien. In der kleinen Volksausgabe des BREHM wird dies Phänomen ausführlich geschildert: „Eine genauere Beschreibung lieferte G. DE CUVIER nach zwei von Alexander von Humboldt aus Mexiko mitgebrachten Stücken. Diese hatten die Größe eines Erdsalamanders und die Gestalt einer Molchlarve, wurden auch als solche angesehen. (...) Nach diesen beiden Stücken gelangten viele andere nach Europa, und alle glichen den beschriebenen. Deshalb sah man sich veranlasst, zu glauben, dass die Larvengestalt die bleibende der Tiere sein möchte, und wurde darin unterstützt durch ihre Ähnlichkeit mit anderen Schwanzlurchen, von denen man ebenfalls nur Larvenformen kannte."

So wurde zunächst angenommen, dass es sich bei *A. mexicanum* um die Larve eines noch unbekannten Landsalamanders handelte, was häufig dazu führte, dass man den Mexikanischen Axolotl mit dem Tigersalamander in Zusammenhang stellte, einer nah verwandten Art, von der man eben auch eine Landform kannte. Noch 1910 heißt es in Hertwigs Lehrbuch der Zoologie, einem zoologischen Standardwerk. „*Amb(l)ystoma tigrinum* GREEN (= alter Artname des Tigersalamanders) behält im Naturzustand unter normalen Verhältnissen die Kiemen dauernd bei und heißt dann *Siredon pisciformis* SHAW, Axolotl ..." Da man sich noch nicht erklären konnte, wie sich eine Larve vermehren kann, wurden solche und ähnliche Theorien konstruiert; sie dien-

---

Synonyme Bezeichnungen für den Axolotl; Angaben aus WISTUBA (2013), verändert nach FROST (2014)

Gyrinus mexicanus – SHAW & NODDER, 1798
Siren pisciformis – SHAW, 1802
Triton mexicanus – OPPEL, 1811
Philhydrus pisciformis – BROOKES, 1828
Hypochton pisciformis – GRAVENHORST, 1829
Siredon axolotl – WAGLER, 1830
Axolotus pisciformis – CUVIER, 1831
Phyllhydrus pisciformis – GRAY in CUVIER, 1831
Sirenodon pisciformis – WIEGMANN, 1832
Stegoporus pisciformis – WIEGMANN, 1832
Stegoporus mexicanum – WIEGMANN, 1832
Hemitriton (Siredon) mexicanum – VAN DER HOEVEN, 1833
Siredon mexicanus – SCHINZ, 1833
Axolotl pisciformis – GUÉRIN-MÉNEVILLE, 1838
Axolotes guttata – OWEN, 1844
Siredon mexicanum – BAIRD, 1850
Siredon Humboldtii – DUMÉRIL, BIBRON & DUMÉRIL, 1854
Siren axolotl – SCHLEGEL, 1858
Stegoporus mexicanus – LEUNIS, 1860
Axoloteles guttatus – WOOD, 1863
Siredon spec.? var. alba – DUMÉRIL, 1869
Siredon pisciformis – WIEDERSHEIM, 1877
Amblystoma weismanni – WIEDERSHEIM, 1879
Ambystoma mexicanum – GARMAN, 1884
Siredon edule – DUGÈS, 1888
Ambystoma edule – DUGÈS, 1888
Ambystoma mexicanum – LAFRENTZ, 1930
Ambystoma (Ambystoma) mexicanum – TIHEN, 1958
Siredon alba – SMITH, 1969

---

ten dazu, das zoologische Weltbild zu erhalten. Leider resultierten die Erklärungsversuche auch in einer erheblichen Verwirrung bezüglich der Namensgebung, so dass man *A. mexicanum* in der älteren Literatur bis etwa Mitte des 20. Jahrhunderts unter zahlreichen synonymen Art-, aber auch unterschiedlichen Gattungsnamen wie *Ambystoma*, *Amblystoma*, *Siren* oder *Siredon* finden kann (siehe Zusammenstellung im obenstehenden Kasten). Erst die weitere Beobachtung lebender Exemplare sollte die faszinierende Fortpflanzungsstrategie dieser Molche ans Licht bringen.

Ausgelöst durch die Ankunft von 33 wildfarbenen und einem weißen lebenden *Ambystoma mexicanum* im Naturhistorischen Museum Paris, die von General Forey von einer Mexiko-Expedition mitgebracht worden waren, begann die „wissenschaftliche Karriere" dieser

Historisches

Wildtyp des Axolotls Foto: H. Wallays

Teilalbino des Axolotls Foto: H. Wallays

Historisches

Schwanzlurche (SMITH 1989). So stammen die ersten wissenschaftlichen Untersuchungsberichte (z. B. von DUMÉRIL 1870, 1872; s. SMITH 1989) auch aus diesem Zeitraum, als die verblüffte Fachwelt zunächst das Phänomen zu erklären versuchte, wie denn ein äußerlich völlig larval erscheinendes Tier wiederum ebensolche Nachfahren zu produzieren in der Lage sei.

Um wissenschaftliche Untersuchungen durchführen zu können, bedarf man des entsprechenden Materials. Im vorliegenden Fall wurden also große Mengen der Molche benötigt, die durch Sammelexpeditionen in ihrer viel zu weit entfernten natürlichen Umgebung nicht zu beschaffen waren. Hier kam den Forschern aber erleichternd eine wichtige Eigenschaft dieser Art zur Hilfe: Axolotl lassen sich nämlich auch unter wenig optimalen Bedingungen und in weitgehender Unkenntnis ihrer Ansprüche mit vergleichsweise einfachen Mitteln relativ erfolgreich vermehren.

Gerade diese Eigenschaft dürfte überhaupt erst zur inzwischen über einhundertjährigen intensiven Erforschungsgeschichte dieser Tierart und zu ihrer Eignung als wissenschaftliches „Haustier" wesentlich beigetragen haben. So stammen auch heute noch etliche der zahlreichen Stämme in Labors, zoologischen Gärten und privaten Aquarien in mehr oder minder gerader Linie von der allerersten Zuchtgruppe ab, die aus nur sechs Tieren bestand und deren Nachkommen über ganz Europa verteilt wurden (DUMÉRIL 1872; SMITH 1989). Hierbei gelang es auch, Zuchtstämme weißer Molche zu erhalten. Offensichtlich ist *Ambystoma mexicanum* neben seinen guten Zuchteigenschaften auch aufgrund seines larvalen Charakters wenig empfindlich gegenüber Inzuchtdefekten. Da die Organe und Gewebe teilweise embryonale Eigenschaften behalten, die unter anderem für die regenerativen Fähigkeiten bestimmter Körpersysteme verantwortlich sind, können die Tiere offenbar auch durch Mutationen bedingte erbliche Defekte kompensieren.

Moderne wissenschaftliche Experimente und Forschungen an Axolotl, die über die rein beschreibenden anatomischen Studien hinausgehen, begannen jedoch erst am Anfang des 20. Jahrhunderts, wobei diese besonders in Russland und den Vereinigten Staaten stattfanden (SMITH 1989). Die rasante Entwicklung der Biowissenschaften in den vergangenen 50 Jahren ist auch an *Ambystoma mexicanum* nicht spurlos vorübergegangen, so dass die Art heute sicherlich zu den meist- und bestuntersuchten Amphibien überhaupt zu zählen ist. Parallel zu den wissenschaftlichen Fortschritten bürgerten sich diese Urodelen auch zunehmend in privaten Aquarien ein und wurden unter Terrarianern zu einem begehrten „Haustier". Dies mag möglicherweise etwas damit zu tun haben, dass diese Lurche die Vorstellung vom Übergangsstadium zwischen wassergebundenen und landlebenden Wirbeltieren so beeindruckend repräsentieren, auch wenn sie natürlich als rezente (= heute lebende) Art nichts Derartiges darstellen, sie aber eine gewisse „urzeitliche" Attraktivität mitbringen. Die Verbreitung Mexikanischer Axolotl in privater Haltung ging mit dem Inkrafttreten des Washingtoner Artenschutzabkommens zurück, da die Tiere nunmehr Handelsbeschränkungen unterlagen. Da jedoch die Nachzuchten überaus erfolgreich verliefen, konnten die Einschränkungen durch das Abkommen bereits nach relativ kurzer Zeit

Ein „Vorzeige"-Wildtyp mit der typischen Färbung und Zeichnung   Foto: F. Ambrock

Historisches

wieder aufgehoben und die Art von der Liste genommen werden.

Axolotl sind in ihrem natürlichen Lebensraum hochgradig bedroht. Die internationale Naturschutzbehörde IUCN hat die Art 2006 neu eingestuft – leider in die Richtung, dass *Ambystoma mexicanum* nunmehr als unmittelbar vom Aussterben bedroht gilt. Als nächste Kategorie bleibt dann nur noch das Aussterben festzustellen. Wohlgemerkt in der Natur, denn im Grunde ist *A. mexicanum* keine bedrohte Art, da so viele Amphibienliebhaber weltweit diese Tiere halten und vermehren; nur wird dieser Schwanzlurch wohl demnächst ausschließlich in Gefangenschaft existieren. Sehr wichtig ist daher – bei aller Vorliebe für schön gefärbte Lurche, dass auch die Wildform möglichst sauber erhalten bleibt.

Hinsichtlich des Artenschutzes ergeben sich für den Axolotl damit gewisse Besonderheiten. Als „besonders geschütztes Wirbeltier" unterliegt *Ambystoma mexicanum* grundsätzlich bestimmten Beschränkungen. Zwar ist laut Bundesartenschutzverordnung eine Anmeldung bei der zuständigen Landesbehörde für *A. mexicanum* derzeit nach wie vor nicht erforderlich, denn die Tiere sind in einem speziellen Anhang (Anlage 5) zur Verordnung von der Anzeigepflicht nach § 7 Abs. 2 BArtSCHV (2005) ausgenommen (eine Liste mit diesen Arten ist im Internet zu finden). Das muss allerdings nicht so bleiben, daher ist im Zweifelsfall eine Rückfrage bei der jeweiligen Landesbehörde oder bei anderen Haltern und Züchtern anzuraten. Wenn Axolotl von außerhalb der EU importiert oder in ein Nicht-EU-Land exportiert werden sollen, ist jedoch in jedem Fall eine Genehmigung beim Bundesamt für Naturschutz (BfN) zu beantragen.

Es ist mittlerweile sehr viel aufwändiger – und vor allem teurer –, Tiere aus ihrer natürlichen Umgebung zu entnehmen, als sie von einem Züchter zu erwerben. Bis in die 70er Jahre war es noch gängige Praxis, Axolotl-Wildfänge für den Terraristikmarkt zu importieren. Mit

Ein Beispiel für eine perfekte Zuchtanlage. In den zahlreichen Becken können Zuchtpaare angesetzt und die Larven gezielt vereinzelt und nach Größen getrennt untergebracht werden.
Foto: F. Ambrock

Inkrafttreten des Artenschutzabkommens wurden solche Importe aber sanktioniert, und seitdem werden ausschließlich Nachzuchten gehandelt. Entgegen einer häufig verbreiteten Meinung stammen allerdings nicht alle in Gefangenschaft gehaltenen Tiere von einigen wenigen Exemplaren ab, die bereits im 19. Jahrhundert nach Europa kamen, sondern es dürften bis vor wenigen Jahrzehnten noch regelmäßig Blutauffrischungen stattgefunden haben. Damit sind die Bestände wahrscheinlich viel weniger stark ingezüchtet als oft behauptet. Die eigentliche Bedrohung der Art geht nicht von ihrer Verwendung als Labor- und Haustier, sondern vielmehr von der Zerstörung der Biotope auf dem mexikanischen Plateau aus. Eine relativ aktuelle Nachsuche nach Axolotln in den Rudimenten der ursprünglichen Seeareale, die als natürliches Biotop anzusehen sind, erbrachte 2006 nur noch den Nachweis von exakt einem wildlebenden Tier (CONTRERAS et al. 2009). Damit ist zwar nicht die Art an sich vom Aussterben bedroht, aber die letzte frei lebende Wildpopulation, die allmählich verschwindet.

Haltung und Zucht

Haltung

Als Dauerlarven verbringen Axolotl naturgemäß ihr gesamtes Leben im Wasser. Für ihre Haltung wird also eine entsprechende aquaristische Ausstattung benötigt. Wichtig ist die Überlegung, ob die Tiere in größerem Maßstab gehalten und gezüchtet werden sollen oder ob ein Zimmeraquarium mit zwei bis vier Molchen angeschafft wird und sich die Nachzucht dann eher zufällig ergibt.

Für die folgenden Abschnitte ist es an dieser Stelle zunächst notwendig, die für die verschiedenen Entwicklungsstadien verwendeten Bezeichnungen einzuführen und im Einzelnen zu definieren, da diese in der Literatur recht unterschiedlich eingesetzt werden.

Als „Frühe Larven" werden hier Tiere zwischen dem Schlupfzeitpunkt und der vollständigen Entwicklung aller Extremitäten im Alter von etwa drei Monaten bezeichnet. Die Körperlänge nimmt mit dem Durchleben dieses Zeitraums von etwa 1 cm im Moment des Schlupfes auf rund 5–6 cm zu. Mit der vollständigen Entwicklung der Hinterbeine ist das eigentliche Larvenstadium („Spätlarve", „Typische Larve", „Charakteristische Larve") erreicht, das bis in das Lebensalter von einem bis eineinhalb Jahren andauert und mit dem Übergang in die Arretierungsphase der Teilmetamorphose endet, wenn die nun etwa 13–15 cm langen Tiere beginnen, geschlechtsreif zu werden – ein Zustand, in dem vom Semiadultus gesprochen wird. Hat sich ein Axolotl reproduziert – ist er also fortpflanzungsbiologisch erfolgreich „erwachsen" geworden, was sich zumeist auch daran erkennen lässt, dass er körperlich „ausgewachsen" erscheint –, wird er als Adultus bezeichnet.

Bei der Auswahl der Tiere ist zu bedenken, dass wildfarbene Axolotl wesentlich einfacher zu bekommen und zu halten sind als die – insbesondere frühlarval – weniger robusten Farbschläge. Von diesen werden bevorzugt weiße Teilalbinos angeboten. Es ist weiterhin notwendig, sich gedanklich mit den körperlichen und zeitlichen Dimensionen dieser Schwanzlurche vertraut zu machen. Mexikanische Axolotl leben unter günstigen Umständen für Amphibienverhältnisse sehr lange und werden bezogen auf die Abmessungen eines Zimmeraquariums recht groß.

„Ausgewachsene" Tiere können Körperlängen von 25 cm leicht überschreiten und ein Gewicht von bis zu 300 g erreichen. Für eine Anschaffung von etwa fünf Larven würde zunächst ein Becken mit 50 Litern Inhalt reichen. Bereits nach zwei Jahren dürften die anfangs 5–7 cm langen Lurche ihre Körpergröße jedoch mindestens verdoppelt, wenn nicht sogar verdreifacht haben. Das ursprüngli-

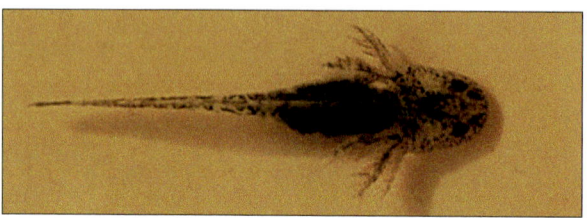

„Frühe Larve" von *Ambystoma mexicanum*
Foto: H. Wallays

„Spätlarve" oder „Charakteristische Larve" des Axolotl
Foto: H. Wallays

Haltung und Zucht

Der Wildtyp des Axolotls ist wesentlich einfacher zu halten als die Farbschläge. Foto: H. Wallays

che Becken wird ihnen dann mehr als eng erscheinen, auch wenn aufgrund der stark eingeschränkten Beweglichkeit sicherlich eine deutliche Futterersparnis eintreten würde. Entsprechend ihres larvalen Charakters hören die Tiere – Knochenfischen vergleichbar – zeitlebens nicht auf zu wachsen; das Wachstum verlangsamt sich lediglich mit zunehmendem Alter erheblich. Axolotl können durchaus 25 Jahre alt werden (HERRMANN 1994; vgl. auch WISTUBA 1996). Die meisten Tiere erreichen bei angemessenen Pflegebedingungen jedoch eine Lebensdauer von 10–15 Jahren (LEFFLER 1915; ZUCCHI & GONSCHOREK 1983).

Die Anschaffung eines adäquat geräumigen Beckens von Anfang an ist gerade für den privaten Halter sicherlich günstiger, als den Tieren alle Jahre wieder ein neues, etwas größeres Becken einzurichten. Die Haltungsrichtlinien der EU (Axolotl sind eben auch Labortiere und unterliegen damit europäischen Vorschriften) empfehlen die Haltung der Tiere in Gruppen sowie in Aquarien, die nicht länger als breit sein sollen, also eher einen quadratischen als einen rechteckigen Grundriss haben, was mit der Optimierung der verfügbaren Wasseroberfläche zu tun haben dürfte. Für ein ausgewachsenes Paar von *Ambystoma mexicanum* ist ein Volumen von 80–100 Litern als untere Grenze anzusetzen. Im Übrigen gilt auch hier die alte aquaristische Weisheit, dass der Umgang mit einem größeren Becken wesentlich einfacher ist als mit einem kleinen.

Wer mehr oder minder erfolgreich und gezielt züchten will, der muss sich ohnehin mehr als ein Aquarium aufstellen. Neben dem ei-

Haltung und Zucht

Die Kloakaldrüse der geschlechtsreifen Männchen (links) ist erheblich geschwollener als die der Weibchen (rechts).
Fotos: H. Wallays

Die Vergesellschaftung mehrerer erwachsener Axolotl ist in entsprechend großen Aquarien problemlos.
Foto: H. Wallays

gentlichen Hauptbecken, in dem die Tiere gehalten werden, braucht es ein Becken für die Quarantäne und Behandlung kranker Axolotl, ein Becken, in dem die Eiablage stattfinden kann, sowie mindestens zwei weitere kleinere Aquarien, in denen die Larven nach dem Schlupf aufwachsen können. Hier sollten die Tiere dann entsprechend ihrer jeweiligen Körpergröße zusammengesetzt werden, wobei eine zu große Besatzdichte unbedingt zu vermeiden ist.

Sollen die Molche gezüchtet werden, empfiehlt es sich, entweder eine größere Anzahl älterer Larven (circa 10 cm lang) oder ein bis zwei geschlechtsreife Paare (meist länger als 15 cm) zu erwerben, die meistens problemlos zum Ablaichen zu bringen sind. Der Vorteil größerer Tiere liegt in der sicheren Unterscheidung der Geschlechter (vgl. WISTUBA 1996). Die weiblichen Tiere sind etwas rundlicher, die Männchen zeigen im Kloakalbereich abhängig von ihrer Reproduktionsfähigkeit geschwollene Drüsen. Die Aktivität dieser Kloakaldrüsen steht im Zusammenhang mit der Fähigkeit, Spermatophoren (Samenpakete) zu produzieren und abzusetzen. Diese werden von den Weibchen in die Kloake aufgenommen, wo dann – ähnlich wie z. B. bei Salamandriden (Echte Molche und Salamander) – eine innere Befruchtung der Eier stattfindet.

Für gewöhnlich sind erwachsene Tiere, die willkürlich zusammengesetzt werden, untereinander weitgehend verträglich, wenn ihnen ausreichende Ausweich- oder Versteckmöglichkeiten zur Verfügung stehen. Trotzdem sollte beim Erwerb (gerade angesichts des zum Teil doch recht hohen Preises) darauf geachtet werden, dass die Tiere unverletzt und möglichst ohne frische Narben erscheinen und gegebenenfalls aus demselben Becken stammen. Es kann dann fast sicher davon ausgegangen werden, dass diese „Neuanschaffungen" auch in ungewohnter Umgebung verträglich sind. Verbissene, verpilzte oder abgemager-

Da Axolotl „ewige Larven" sind, vermögen sie abgebissene Extremitäten und Kiemen zu regenerieren. Dennoch sollte man verletzte, nicht intakte Tiere lieber nicht erwerben, da sie möglicherweise weitere Erkrankungen aufweisen. Foto: J. Wistuba

te Molche sind ebenso beim Händler zu lassen wie Tiere mit teilweise zerstörten, reduzierten oder verkleinerten Kiemenästen, die fast immer einen nicht intakten Gesundheitszustand des Axolotls anzeigen. Sollen statt adulter Tiere lieber einige Larven angeschafft werden, gilt im Grunde dasselbe: Am besten geeignet sind natürlich gesund erscheinende, intakte Lurche. Da aber die Regenerationsfähigkeit dieser wesentlich jüngeren Exemplare um einiges höher liegt und etwaige Verletzungen, wie verbissene Extremitäten oder Kiemenäste, bei guter Pflege und adäquater Unterbringung erheblich schneller heilen, wären kleinere Beschädigungen eher zu tolerieren. Erfahrungsgemäß mindern sie Lebenserwartung und Zuchtqualität nicht und sind im Allgemeinen nach kurzer Zeit verschwunden. Häufig sind solche Larven im Handel zu eng untergebracht, so dass Beißereien fast unvermeidlich sind, insbesondere da die Larven nicht einzeln gefüttert werden.

Haltung und Zucht

In diesem Alter werden die „Charakteristischen Larven" typischerweise gehandelt. Die erworbenen Tiere sollten in etwa im abgebildeten Zustand sein. Solche Larven sind gesund und wachsen erfahrungsgemäß gut und schnell heran. Foto: H. Wallays

Wichtig ist, bereits vor dem Kauf darauf zu achten, dass man etwa gleich große Tiere erhält. So ist zum einen nahezu sicher ausgeschlossen, dass ein Kannibale unter den Larven ist, zum anderen ist das Risiko geringer, dass eines der Tiere im eigenen Aquarium die Futterkonkurrenz verliert. Kannibalen sind für den Laien außer an der Tatsache, dass sie erheblich schneller wachsen als ihre Geschwister, anders als bei *Ambystoma tigrinum* (s. u.) kaum zu erkennen (vgl. WISTUBA 1996). Bei näherer Betrachtung fallen der gering vergrößerte Kopf und das etwas breitere Maul auf. Diese Tiere findet man in seinem Bestand meistens leider erst dann, wenn es bereits zu spät ist, wenn sich nämlich die Anzahl der Insassen in einem Becken nach und nach reduziert hat oder man einen der Geschwistermörder mit einem kleineren Tier im Maul auf frischer Tat ertappt.

Kannibalen sind unbedingt von den restlichen Molchen zu trennen. Ihre weitere Haltung ist aber unproblematisch, wenn die Möglichkeit zur Vereinzelung gegeben ist. Mehrere Kannibalen vertragen sich erstaunlicherweise im Allgemeinen recht gut miteinander, zu Zuchtzwecken sind diese Tiere jedoch nicht zu gebrauchen, da Beobachtungen darauf deuten, dass sich das Verhalten vererbt.

Das Phänomen kannibalischer Amphibienlarven ist schon länger bekannt und wird auch aktuell untersucht, z. B. bei Froschlurchen (DUELLMAN & TRUEB 1985) und Salamandriden (REQUES & TEJEDO 1998), aber auch bei Vertretern aus der Familie der Querzahnmolche (ROSE & ARMENTROUT 1976; PEDERSEN 1991; WILDY et al. 1998). Kannibalismus kann sowohl innerartlich gemeint sein als sich auch auf das Fressen artfremder Amphibienlarven bzw. deren Eier beziehen, z. B. Grasfrosch *Rana temporaria* (HEUSSER 1970) und andere Echte Frösche, Ranidae (DUELLMAN & TRUEB 1985).

Kaulquappen, die andere Froschlarven fressen, bilden ihre hochspezialisierten Fresswerkzeuge, die normalerweise typisch für Suspensionsfresser sind, erheblich um und weisen dann größere Kiefer mit stärkerer Muskulatur und kräftigeren Zähnchen auf (ORTON 1954; BRAGG 1965). Erst in jüngerer Zeit wurde Kannibalismus auch für Pfeilgiftfrösche (Dendrobatidae) beschrieben, die sich in Mikrohabitaten wie Bromelientrichtern entwickeln (CALDWELL & DE ARAUJO 1998).

Welche evolutive Strategie dahinter steht – etwa die Anpassung an kurzlebige Umgebungsbedingungen, die ein Überleben in Form der konventionellen Entwicklung nicht zulassen, oder das Durchsetzen eigener Gene gegenüber denen der Geschwister oder den Larven anderer Elterntiere in Mikrohabitaten –, ist noch Gegenstand der Diskussion.

Wie das Verhalten letztendlich gesteuert oder ausgelöst wird, ist für *Ambystoma mexicanum* unklar. Für *A. tigrinum* liegen Untersuchungen von D. W. PFENNIG und J. P. COLLINS (1993) aus den Vereinigten Staaten vor, die im Laborversuch bestimmte Duftstoffe (Pheromone) mit der Auslösung kannibalischen Verhaltens und der „Freund-Futter-Erkennung" in Zusammenhang bringen. Wachsen die Larven heran, so fressen sie bevorzugt Konkurrenten, mit denen sie nicht verwandt sind, was sie möglicherweise am Geruch feststellen können. Dieses Verhalten stellt evtl. ein abgewandeltes Beispiel für Verwandtenselektion dar, wobei die Verwandtschaftsbeziehungen letztlich Einfluss auf die Ausprägung der Körpergestalt haben. Beobachtungen zeigen, dass Kannibalismus häufig unter Labor- und Gefangenschaftsbedingungen auftritt, insbesondere wenn die Futtersituation nicht ausreichend ist (DUELLMAN & TRUEB 1985). Im Freiland fressen Larven von *Ambystoma tigrinum* jedoch auch Frosch- und andere Ambystomatidenlarven (WILBUR 1972), und es wurden Populationen entdeckt, in denen sich unterschiedliche Phänotypen ausbildeten. Kannibalische Tiere zeigen eine ähnliche Körperform wie normale Molche, doch haben sie überproportional vergrößerte Köpfe und verlängerte Zähne (PEDERSEN 1991) – Ursache ist eine heterochrone Entwicklung von Schädelknochen und Bezahnung) –, und sie ernähren sich intraspezifisch (= innerhalb der Art) kannibalisch (ROSE & ARMENTROUT 1976). Ähnlich dimorphe (= unterschiedlich ausgeprägte) Larven bildet die japanische Salamanderart *Hynobius retardatus* aus, abhängig von kannibalischer oder nicht kannibalischer Ernährungsweise (WAKAHARA 1995).

Dieses biologische Phänomen des „echten Kannibalismus" bei Amphibienlarven hat genetische Gründe und vor allem den Sinn, den Kannibalen unter bestimmten Umgebungsbedingungen zu ermöglichen, die Art in die nächste Generation zu bringen. Der Durchschnittszüchter und -halter von Axolotln ist allerdings viel häufiger mit dem Problem konfrontiert, dass sich seine Tiere zwar kannibalisch benehmen, aber sie streng genommen gar keine „echten Kannibalen" sind, also keine der entsprechenden äußeren Merkmale zeigen. Jeder, der juvenilen Tieren schon bei der Nahrungsaufnahme zugesehen hat, wird die Gründe für diese Form des Kannibalismus leicht verstehen. Insbesondere junge Tiere sind nämlich Futteropportunisten, die alles fressen, was sie bewältigen können, und das so schnell und hektisch wie möglich. Werden solche Jungtiere nun in Gruppen gehalten, erwischt es eben auch mal den Nachbarn; bei gleich großen Tieren fehlen dem schnell ein paar Teile, und bei der Vergesellschaftung extrem ungleicher Tiere ist dann schon auch mal der ganze Nachbar weg. Da sich solche Tiere besser mit Futter versorgen können, wachsen sie meist auch schneller und verputzen dann unter Umständen eben die gesamte Geschwisterschar. Dies ist zwar auch eine Form des Kannibalismus, aber eben kein „unheilbarer". Erfahrene Halter und Züchter berichten, dass man solche Tiere auch „umerziehen" kann. Eine erste Maßnahme muss dabei immer sein, ausreichend zu füttern und die räuberischen oder schneller wachsenden Axolotl zu vereinzeln. Anschließend werden die Tiere konsequent auf Regenwürmer, Fischstücke oder Axolotl-Pellets umgestellt. Nach einigen Monaten können solche Exemplare meist wieder gefahrlos mit gleich großen Exemplaren vergesellschaftet werden. Da sich ältere erwachsene Tiere beim Fressen ruhiger verhalten, kommt es auch viel seltener zu Verletzungen (Frank Ambrock, pers. Mitteilung). Kannibalismus wird im Übrigen – altersunabhängig – immer dann provoziert, wenn verletzte Tiere im Becken verbleiben. Offene Wunden verströmen offenbar einen Geruch, den die Mitbewohner anziehend finden und der dazu führt, dass der verletzte Molch noch weiter verstümmelt wird. Dem lässt sich einfach vorbeugen, indem verletzte Tiere bis zur vollständigen Wundheilung vereinzelt werden (etwa eine Woche lang).

Für alle neu erworbenen Molche gelten ähnliche Regeln wie bei der Anschaffung von Zierfischen. So ist beim Einsetzen in ein Aquarium auf die vorherige Angleichung der Wassertemperatur zu achten, die Tiere sollten sich störungsfrei eingewöhnen können, und es empfiehlt sich – gerade wenn die neuen Axolotl zu bereits vorhandenen gesetzt werden – eine vorausgehende Quarantäne und gegebenenfalls prophylaktische Behandlung mit einem der über den Zoohandel zu beziehenden Desinfektionsmittel. Letzteres ist insofern von Bedeutung, als für die meisten Tiere Transporte mit zum Teil erheblichem körperlichem Stress verbunden sind, auf den sie mit erhöhter Krankheitsanfälligkeit reagieren.

Als Quarantänezeit empfiehlt HERRMANN (1994) drei bis vier Wochen. Sind die Tiere danach weiter in irgendeiner Form auffällig (Nahrungsverweigerung oder Ähnliches), sollte die Dauer entsprechend verlängert werden. Gegebenenfalls sollte sich hiernach dann zunächst eine Therapie festgestellter Erkrankungen anschließen, auf die eine erneute Quarantäne folgt. Die Quarantäne sollte ohnehin nach jeder Behandlung als zusätzliche Prophylaxe bis zur vollständigen Gesundung des Tieres durchgeführt werden, auch wenn die Tiere vorher schon länger im eigenen Bestand waren.

An die Einrichtung des Beckens stellen Axolotl kaum Ansprüche. Hier gilt es lediglich zu beachten, dass den Tieren eine ausreichende Zahl an Versteckmöglichkeiten angeboten wird. Die Unterstände sind groß genug zu wählen. Geeignet sind Kokosnussschalen, Tonblumentöpfe oder halbierte Tonröhren. Alle weiteren Einrichtungsmaßnahmen können gemäß dem ästhetischen Empfinden des jeweiligen Halters erfolgen. Den Tieren ist völlig egal, ob sie ihren Wurm neben einem naturnahen Stück Mooreichenwurzel oder einem Plastiktaucher mit zugehöriger Schatzkiste zu sich nehmen, so zweifelhaft Letzteres vielleicht auch zu bewerten ist. Wichtig ist lediglich, dass kein Einrichtungsgegenstand scharfe Kanten hat oder klein genug ist, um von einem der Molche verschluckt zu werden. Ein Plastikfisch oder Kunststoffkrebs in lustigen Modefarben führt im Axolotldarm häufig zu verfrühten und unnötigen Abgängen.

Wenn der Bodengrund mit Kies oder Sand ausgestattet werden soll, ist scharfkantiges Material ebenfalls zu vermeiden. Bei der Futteraufnahme – dem Saugschnappen – wer-

Haltung und Zucht

Axolotl lieben es, sich zu verstecken und nutzen dazu jede Möglichkeit – selbst wenn sie nicht zur Gänze hineinpassen.
Foto: J. Pfeiffer

den kleinere Steine unter Umständen mit verschluckt. Bei runden Steinen ist dies für gewöhnlich unerheblich, denn sie verlassen das Tier nach einiger Zeit wieder auf dem natürlichen Weg.

Zur Bepflanzung des Beckens eignen sich nur unempfindliche Arten wie z. B. *Anubias* (Speerblattarten), Javafarn, Javamoos oder verschiedene kleine Wasserkelche (*Cryptocoryne*). Andere Arten, insbesondere feinblättrige, sind wenig geeignet, da sie leicht verschmutzen und die mechanische Belastung durch die Molche nicht aushalten. Die Wasserpflanzen sollten ohnehin in Töpfen ins Becken gebracht werden, sie sind so stabiler befestigt und bei der Reinigung des Beckens leichter zu handhaben.

Überhaupt gilt es, einen vernünftigen Kompromiss zu finden zwischen hygienischen Ansprüchen und der ansprechenden

Haltung und Zucht

Gut ausgeleuchtet, genügsame, ausreichend beschwerte Pflanzen und ein nicht zu feiner Bodengrund: Axolotlbecken lassen sich mit relativ wenig Aufwand sehr attraktiv gestalten. Den Tieren macht es nicht viel aus – für den Betrachter aber ist es sehr reizvoll.
Foto: J. Pfeiffer

Axolotl im fertig eingerichteten Aquarium
Foto: A. Opolka

Gestaltung des Beckens. Ein Zimmeraquarium muss nicht dieselben Kriterien erfüllen wie ein Zuchtbehältnis. Solche zur Haltung von Laich sowie frisch geschlüpften und ganz jungen Larven (kleiner als 4 cm Gesamtlänge) eingesetzte Behälter sind in jedem Fall so spartanisch wie möglich einzurichten. Pflanzen, Bodengrund oder Steinaufbauten sind hier überflüssig. Im Gegenteil, sie würden lediglich die Anreicherung von Mikroorganismen fördern und die Kontrolle der „Frühen Larven" erschweren. Auch Kranke, Kannibalen oder abgestorbene Tiere wären schwerer zu finden, und die Entfernung von Futterresten würde unnötig erschwert. Selbst einen Filter sollte man sich in den ersten Wochen sparen, die noch nicht sehr kräftigen Larven könnten hineingeraten und darin verenden. Ein einfacher Ausströmerstein und ein regelmäßiger Teilwasserwechsel sind völlig ausreichend.

Die Qualität des Wassers ist von geringerer Bedeutung, es sollte jedoch nicht zu weich sein, was unter anderem mit der optimalen Osmoregulation der Lurche zusammenhängt; zu weiches Wasser beinhaltet eine Verarmung an gelösten Salzen, die zu vermeiden ist (vgl. REHBERG 1990). Leitungswasser kann gechlort sein oder Ammonium enthalten. Wenn die Werte für solche Inhaltsstoffe relativ hoch liegen, ist es besser, abgestandenes Wasser zu verwenden oder vorab eine entsprechende Aufbereitung durchzuführen (ARMSTRONG et al. 1989).

Der pH-Wert sollte stets größer als sechs sein; am besten geeignet sind leicht alkalische Werte von 7,5–8. PH-Werte von 3,5–5 und 10,5–12 sind für erwachsene Axolotl tödlich (BANDT & FREYTAG 1950), und Larven müssen als noch empfindlicher angesehen werden (REHBERG 1990). Es ist daher darauf zu achten, dass sich die Werte diesen Extremen nicht einmal annähern.

Von größerer Bedeutung als die rein physikalischen Wasserwerte ist die chemisch-biologische Belastung des Aquarienwassers. Axolotl sind keine herausragenden Futterverwerter, gerade wenn sie regelmäßig gut ernährt werden. Der Eintrag organischen Materials über den Kot ist daher relativ hoch und führt zur schnellen Anreicherung von Nährstoffen im Wasser, die ein rasches Wachstum von Pilzen, Bakterien und Algen ermöglichen. Gerade aus diesem Grund ist neben einem regelmäßigen Wasserwechsel (hier kann ruhig ein größerer Teil des Wassers ausgetauscht und durch frisches Leitungswasser ersetzt werden) eine ausreichende Filterung des Beckeninhalts notwendig (vgl. WISTUBA 1996). Trübe, veraltete oder verdreckte Becken stellen eine große Gefahr dar, weil z. B. leicht verletzte Tiere sofort mit Verpilzungen oder Infektionen zu kämpfen haben. Für die Filterung gilt, dass die Filterleistung maximal, die entstehende Strömung aber minimal sein sollte. Dafür optimal sind die neuartigen Mattenfilter, die im Aquaristikhandel bezogen werden können. Zur Filterung im Zimmeraquarium sind auch die herkömmlichen Motorpumpenfilter geeignet, wenn die Strömungsleistung entsprechend gedrosselt wird. Für größere Anlagen kann es günstiger sein, mehrere kleine Plastikfilter über eine größere Pumpe zu betreiben. Auch Einrichtungsgegenstände, Scheiben oder Wände sowie eventuell eingesetzte Wasserpflanzen sind selbstverständlich peinlich sauber zu halten. Zwar ertragen die Molche – wie fast alle in Gefangenschaft gehaltenen Tiere – einen gewissen Verschmutzungsgrad auch über einen längeren Zeitraum, doch steigert das ganz sicher nicht ihr Wohlbefinden.

Innerhalb eines bestimmten Rahmens sind Axolotl für Schwankungen der Wassertemperatur weitgehend unempfindlich, solange die Temperatur möglichst 10 °C nicht unter- und 25 °C nicht überschreitet. Eine Heizung ist also nicht erforderlich. Wird es kälter als 10 °C, stellen die Tiere die Nahrungsaufnahme allmählich bis zur vollständigen Verweigerung ein; die Stoffwechselaktivität wird

Haltung und Zucht

Derart großzügig untergebracht wird die Axolotlhaltung zum abwechslungsreichen Blickfang.
Foto: J. Pfeiffer

massiv reduziert. Unterhalb von 2 °C können sie sterben. Bei Temperaturen oberhalb von 25 °C reicht häufig die Sauerstoffversorgung im Wasser nicht mehr aus. Zwar können die Molche über Haut, Mundboden, Kiemen und Luftsäcke (Vorläuferorgane der Lungen metamorphosierender Lurche) den Sauerstoff aus Wasser und Atmosphäre aufnehmen (weswegen man den Lurchen nie den Weg zur Wasseroberfläche verbauen sollte – sie können dann keine Luft mehr veratmen und ersticken unter Umständen, wenn der Sauerstoffgehalt des Wassers für sie nicht mehr ausreicht), doch führen zu hohe Wassertemperaturen zu einer derartig erhöhten Stoffwechselaktivität, dass die Tiere in Atemnot geraten können. Der mit der Wärme erhöhte metabolische (stoffwechselbedingte) Stress kann auf Dauer wiederum zu einer steigenden Anfälligkeit führen. Temperaturen über 22–23 °C sind bei der Haltung von *Ambystoma mexicanum* daher zu vermeiden, nur bei der Hälterung von Laich sind sie unschädlich. Die Embryonen entwickeln sich bei Temperaturen zwischen 20 und 25 °C sowohl schneller als auch erfolgreicher. Die Temperaturwerte sollten während der Entwicklung jedoch um ± 3 °C konstant gehalten werden und nicht in starkem Maß schwanken, um Fehlbildungen zu vermeiden. Erfolgreiche Aufzuchten gelangen schon bei Temperaturen zwischen 10 und 29 °C (BORDZILOVSKAYA & DETLAFF 1979). Dabei ist die Emb-

Haltung und Zucht

ryonalentwicklung temperaturabhängig und verläuft unter warmen Bedingungen generell schneller. Allerdings beginnt sich dieser Effekt bei Temperaturen über 25 °C deutlich abzuschwächen (ARMSTRONG et al. 1989). Nach dem Schlupf kann das Wasser dann allmählich wieder in den Bereich von etwa 20 °C eingestellt werden, wobei die Vorzugstemperatur der Larven anfänglich jedoch höher zu liegen scheint (um 24 °C; ARMSTRONG et al. 1989), die der adulten Tiere dagegen deutlich niedriger. Die natürliche Heimat der Molche liegt auf einem Hochplateau (etwa 2.000 m ü. NN) mit Wassertemperaturen zwischen 15 und 18 °C. Axolotl tolerieren aber auch das etwas wärmere Wasser eines Zimmeraquariums gut.

Wie alle Schwanzlurche und deren Larven ernähren sich Axolotl ausschließlich von tierischer Kost. Gegenüber anderen Urodelen, insbesondere terrestrischen (= auf dem Land lebenden), haben sie jedoch den Vorteil, dass sie sich nicht oder nur in geringem Maße optisch auf ihre Beute ausrichten, sondern dass ihr Beutesuchverhalten mindestens genauso stark durch geruchliche Reize auszulösen ist. Das ist für den Halter erfreulich, hat er doch so die Möglichkeit, die Tiere auch an totes Fut-

Schwanzlurche und deren Larven ernähren sich ausschließlich von tierischer Kost (z. B. *Tubifex* und Regenwürmer).
Rechts: *Ambystoma gracile*
Unten: *Ambystoma mexicanum*   Fotos: H. Wallays

ter zu gewöhnen. Es ist aufgrund dieser Tatsache relativ einfach, den Molchen ganzjährig eine ausgewogene, abwechslungsreiche Ernährung anzubieten. Wenn im Winter die Versorgung mit lebender Kost schwierig wird, kann auf Frostfutter (z. B. Mückenlarven, Muschelfleisch oder tiefgefrorene kleinere Futterfische wie Stinte) ausgewichen werden. In älteren Auflagen wurde hier noch die Verfütterung von schierem Rindfleisch empfohlen. Nach neueren Erkenntnissen ist davon aber abzuraten, nicht nur weil immer die Gefahr besteht, dass Schilddrüsenreste zu ungewollter Metamorphose-Einleitung und dann zum Verlust des Tieres führen kann, sondern weil sich auch gezeigt hat, dass der Verdauungsapparat des Axolotls Warmblüterfleisch generell nicht oder nur sehr schlecht verwertet (Christina ALLMELING, mdl. Mitteilung). Es könnte unter Umständen Hühnerfilet gegeben werden, dies jedoch nur als „Notlösung". Axolotl fressen im natürlichen Lebensraum eben weder Rinder noch Vögel, man sollte ihnen möglichst die Nahrung anbieten, an die sie sich im Verlauf der Evolution angepasst haben.

An dieser Stelle sollte noch ein Satz zum Gebrauch der so genannten Axolotl-Pellets gesagt werden, die sich in den letzten Jahren als bequeme Fütterungsalternative zunehmender Verbreitung und auch Beliebtheit erfreuen. Diese Pellets sind für die kommerzielle Fischzucht, vor allem zum Einsatz in Lachsfarmen, entwickelt worden. Sofern die Axolotl sie annehmen, können Pellets sicherlich gelegentlich zum Einsatz kommen. Da ihnen oft Farbstoffe zugesetzt werden, um dem Lachsfleisch die typische lachsrote Farbe zu verleihen, kann man mit diesem Futter besonders bei den von Züchtern und Haltern als Goldalbinos bezeichneten „Humphrey-Hybriden" noch eindrucksvollere Färbungen erzielen. Nun sind Axolotl aber keine Fische und keine Meeresbewohner, weswegen es sicher keine gute Idee ist, aus Bequemlichkeit ausschließlich solche Pellets zu verwenden.

Grundsätzlich gilt, dass man Süßwassertieren keine Nahrung für Salzwassertiere anbieten sollte. Als Notfutter mögen die Pellets genügen, auf Dauer werden sie die Molche aber nicht ausreichend ernähren. Auch hier gilt, je mehr Abwechslung, desto besser für die Tiere.

Nicht ausschließlich darf auch Frostfutter gegeben werden, denn diese Futtersorte kann mit Dauerstadien von Parasiten kontaminiert sein, die im Becken im Wortsinn „auftauen" und die Lurche infizieren könnten. So findet man bei der Verfütterung von eingefrorenen roten Mückenlarven gelegentlich parasitische Einzeller aus der Gruppe der Ciliaten (Wimpertiere). Solche Trichodinen, die sich eigentlich von Bakterien ernähren, leben als verbreitete Hautparasiten auch auf Fischen (VAN DUIJN 1973; MARTIN 1989), befallen aber genauso erfolgreich aquatische Amphibien und deren Larven (HAUSMANN & HÜLSMANN 1996), wobei sie Krankheiten auslösen können. Sie bewirken zumeist oberflächliche Schäden an der Haut, der Mundschleimhaut und den Epithelien der Kiemen, können sich aber auch regelrecht in die Epithelien einbohren, was zu Entzündungen der Haut führen kann (DUHON 1989; vgl. auch Kapitel Krankheiten). Gesunden Tieren wird ein kurzzeitiger Befall mit einigen Parasiten wenig schaden. Bei einer einseitigen Ernährung dagegen, bei der das Futter zudem verunreinigt ist, und bei möglicherweise zu hohen Temperaturen und schlechter Filterung werden die Axolotl sicher früher oder später ernsthaft geschwächt.

Daher ist eine möglichst abwechslungsreiche Fütterung, die nicht häufiger als zwei- bis dreimal in der Woche erfolgen sollte, unbedingt notwendig. Neben den bisher geschilderten Nahrungsbestandteilen können auch Regenwürmer, Fliegenmaden oder *Tubifex* verwendet werden. Kleinere Fische (z. B. Guppys) können lebend eingesetzt werden, die Molche erbeuten sie dann nach Bedarf (vorzugsweise nachts). Dieses Futter hat zu-

Haltung und Zucht

Porträt eines Goldalbino-Axolotls Foto: A. Kwet

dem den Vorteil, dass bei eventueller Abwesenheit des Pflegers ein „Futterüberschuss" ins Becken gegeben werden kann, der längere Zeit frisch bleibt. Junge Tiere müssen mit kleineren Futterorganismen versorgt werden. Hier sind Artemien für frisch geschlüpfte und sehr junge Larven oder entsprechendes Plankton für etwas ältere möglich (vgl. auch HERRMANN 1994). Auch in diesem Fall

muss regelmäßig kontrolliert werden, damit keine Parasiten eingeschleppt werden. *Artemia*-Nauplien sind vor der Verfütterung von anhaftendem Salz zu befreien, wozu man sie gründlich mittels der handelsüblichen Siebe in fließendem Leitungswasser wäscht. Neben der Notwendigkeit, das Aufzuchtfutter salzfrei zu waschen, muss bei der Verfütterung von frisch geschlüpften Salinen-

Haltung und Zucht

Salinenkrebschen (*Artemia salinas*) sind gut zu züchtende Futtertiere zur Aufzucht von Axolotl-Larven.

Unten: Beginnender Schlupf eines Salinenkrebschens, die Eihülle ist eröffnet.

Ganz unten: Schlupfstadium beim Verlassen des Eis. Im Vordergrund ist die Mandibel (Mundwerkzeug) erkennbar.

Rechts oben: *Artemia*-Naupliusstadium von der Rückenseite.

Rechts unten: Dasselbe Stadium, hier von der Bauchseite. Wieder ist die Mandibel erkennbar.
Fotos: G. Sundermann

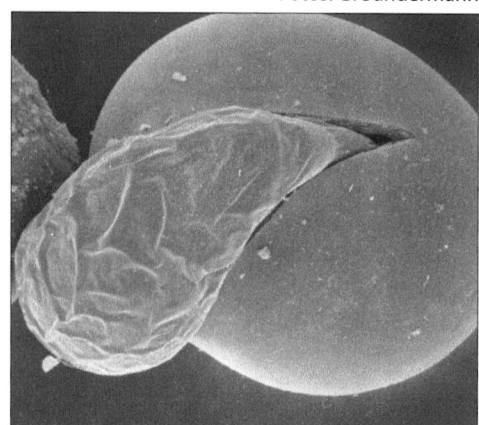

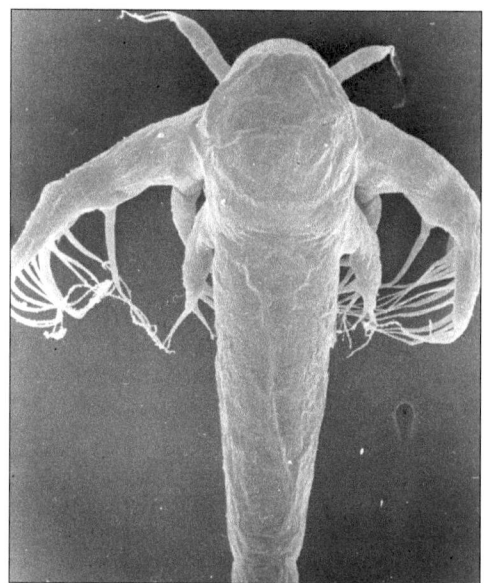

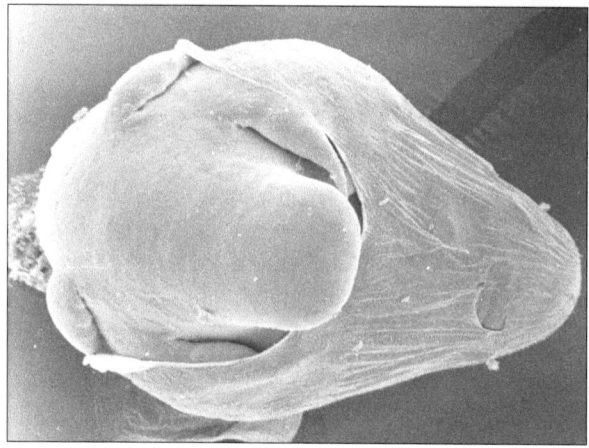

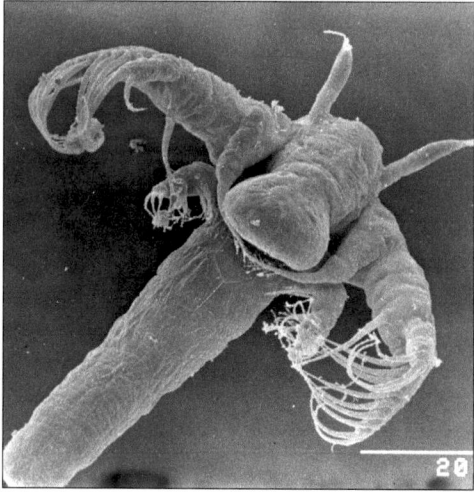

krebschen auch darauf geachtet werden, dass nicht zu viele Eischalen mit ins Becken gelangen. Werden diese von den Larven in größerer Zahl verschluckt, können ihre unverdaulichen Bestandteile zu Verstopfungen und schlimmstenfalls zum Tod der jungen Axolotl führen. Es ist daher zu empfehlen, das

Haltung und Zucht

Sieb mit den Krebschen in einem halben Liter kaltem Leitungswasser auszuwaschen und diese „Suspension" etwa 5–10 Minuten stehen zu lassen. Für gewöhnlich sinken die Eischalen zu Boden, die Krebse schwimmen größtenteils darüber und lassen sich mit einer Pipette vorsichtig „abnehmen". Nicht gefressene Reste müssen innerhalb kürzerer Zeit aus den Becken entfernt werden, damit sie nicht durch Zersetzungsprozesse die Wasserqualität mindern.

Die hier beschriebenen Haltungshinweise beziehen sich vorzugsweise auf private Halter und Züchter und die dort zu erwartenden Ansprüche und Voraussetzungen. Für die Haltung in Laboratorien gelten sicherlich andere Regeln. Zur Unterbringung von Axolotln im Laborbetrieb, zu ihrer Haltung und der mit der gegebenenfalls nötigen individuellen Unterscheidbarkeit zusammenhängenden Unterbringung oder diversen Markierungsmethoden sind in der entsprechenden Literatur

Stadium	Ernährung
Larven nach dem Schlupf 1–2 cm	Diese Larven zehren von ihrem Dottervorrat; solange im Bauchraum noch der helle Dotter zu sehen ist, fressen die Tiere nicht. Diese Phase dauert meist 2–3 Tage; da die Entwicklung individuell verläuft und zudem von den Umgebungsbedingungen abhängt, ist der genaue Zeitraum aber nicht einheitlich.
Junge Larven 2–3 cm	Frischgeschlüpfte *Artemia*-Nauplien, kleines Tümpelplankton wie Daphnien (Wasserflöhe) und Copepoden (Ruderfußkrebse). Besonders beim Verfüttern von Artemien ist darauf zu achten, dass die Salinenkrebschen vor der Gabe gewaschen werden, um das Salz auszuspülen. Sind zu viele Eier im Futter, kann das bei den Molchlarven zu Verstopfungen des Darmtraktes führen. Sollte Plankton aus dem Freiland verfüttert werden, kann man es zunächst sieben, um nur die kleineren Krebschen anzubieten; das ausgesiebte Futter sollte dann mit Leitungswasser ebenfalls gründlich gewaschen werden, damit die Zahl der Keime, die beim Füttern ins Wasser gelangen, möglichst minimiert wird. Futterreste sind baldmöglichst aus dem Haltungswasser zu entfernen, um Verpilzungen und Sauerstoffzehrung vorzubeugen.
Larven 3–9 cm	Frostfutter: Hier haben sich besonders rote Mückenlarven bewährt, die man vor dem Verfüttern auftaut und unter fließendem Wasser spült. Größeren Axolotl-Larven können auch kleine Regenwürmer, Regenwurmstücke oder fein geschnittene Futterfische angeboten werden. Wenn möglich keine *Tubifex* verfüttern, denn dieses Futter ist häufig stark verkeimt.
Semiadulte und adulte Tiere ab 10 cm	Regenwürmer, Axolotl-Pellets (vorsichtig verwenden!), bei denen der Vorteil besteht, dass die Tiere individuell und kontrolliert gefüttert werden können. Frostfutter: Muschel oder Krebsfleisch, rote Mückenlarven. Kleine Futterfische (Guppys, andere kleine Zahnkarpfen) mit dem Vorteil der Bevorratung bei Abwesenheit.

zahlreiche Varianten zu finden. Sehr zu empfehlen ist das 1989 erschienene Werk „Developmental Biology of the Axolotl", das von J. B. Armstrong und G. M. Malacinsky herausgegeben wurde. Grundsätzlich gilt, dass die Tiere aller Altersstadien im Laborbetrieb wesentlich enger gehalten werden und dass die Aufzucht in anderem Umfang erfolgt. Dies dürfte zum einen mit dem zur Verfügung stehenden Platz, zum anderen aber mit der besseren Kontrolle und den sterileren Verhältnissen in der Laborhaltung zu begründen sein. Hier unterliegen bestimmte Haltungsparameter einfach den experimentellen Notwendigkeiten oder aber stärker noch dem Primat von Handhabbarkeit und Wirtschaftlichkeit, weniger dem des ästhetischen Anspruches.

Zu bedenken ist, dass eine Axolotl-Haltung – insbesondere wenn die Tiere gezielt gezüchtet werden sollen – auch mit einigem Kostenaufwand verbunden ist, der über den reinen Anschaffungspreis hinausgeht. Die entstehenden Folgekosten sollten kalkuliert werden, bevor man sich diese langlebigen Lurche anschafft.

Einige Pfleger halten ihre Axolotl den Sommer über regelmäßig in Gartenteichen, und die Tiere können sich unter diesen Bedingungen sogar erfolgreich vermehren. Auf Zufütterung in den Sommermonaten kann unter Umständen verzichtet werden. Das kann zum einen Futterkosten sparen helfen, zum anderen verringert es die Belästigung durch Mücken auf der sommerlichen Terrasse. Es sollte jedoch stets darauf geachtet werden, dass die Wassertemperatur nicht zu hoch ansteigt und eventueller Sauerstoffzehrung rechtzeitig vorgebeugt wird. Axolotl lassen sich bei nicht zu strengen Bedingungen im Gartenteich sogar erfolgreich überwintern (Henk Wallays, schriftl. Mitteilung), wobei die Tiere selbst Fröste aushalten sollen. Angesichts ihrer Herkunft vom mexikanischen Hochplateau, auf dem es durchaus zu sehr niedrigen Temperaturen kommen kann, ist diese Ausdauer und Härte verständlich. Dennoch sei hier angemerkt, dass nicht alles, was die Tiere aushalten, auch ihrem Wohlbefinden dient. Es ist zudem nicht auszuschließen, dass bei einer Teichhaltung Laich oder Larven verschleppt werden, mit dem Risiko einer Faunenverfälschung, die unbedingt vermieden werden muss.

Zucht und Entwicklung

Axolotl gelten – bezogen auf die Nachzucht von Amphibien – als vergleichsweise leicht vermehrbar. Dennoch sind auch bei ihnen einige grundsätzliche Dinge zu beachten, wenn sich die Tiere in Gefangenschaft erfolgreich fortpflanzen sollen.

Voraussetzung ist natürlich das Vorhandensein eines geschlechtsreifen Zuchtpaares. Diese Tiere sind mindestens ein bis eineinhalb Jahre alt. Die zur Zucht eingesetzten Männchen sollten die geschlechtstypische Schwellung der Kloakaldrüsen, die im Zusammenhang mit der Spermatophorenproduktion stehen (s. o.), zeigen. Beide Tiere sollten gesund und ausreichend ernährt sein. Ist ein Zuchtpaar ausgewählt, empfiehlt es sich, diese beiden Tiere allein in ein gemeinsames Becken zu setzen. Damit wird ausgeschlossen, dass sich das Männchen durch die Anwesenheit weiterer Tiere beim Paarungsverhalten stören lässt (Rehberg 1990). Das Balzverhalten und die Fortpflanzung können durch Haltung der Molche bei niedrigeren Temperaturen (12–14 °C für einige Wochen) und anschließende Erhöhung auf die Vorzugstemperatur eingeleitet werden (s. auch Rehberg 1990; Wistuba 1996).

Die eigentliche Paarung findet zumeist nachts statt; das Männchen setzt eine oval-zylindrische Spermatophore ab, die vom Weibchen in die Kloake aufgenommen wird. Bei Ambystomatiden finden wir also – wie bei nahezu allen Schwanzlurchen – eine innere Befruchtung (z. B. Duellman & Trueb 1985). Die Eier werden etwa 12–15 Stunden nach dem Befruchtungsprozess abgelegt (Rehberg 1990), der Laichakt

Haltung und Zucht

kann mehrere Stunden dauern und mehrfach durch längere Pausen unterbrochen sein. Die Größe der Gelege ist von Weibchen zu Weibchen und von Paarung zu Paarung verschieden, die Gelegegrößen schwanken zwischen etwa 100 und 150 Eiern. Die Eiablage erfolgt an Steinen, Pflanzen, Schläuchen oder in den Winkeln des Aquarienbodens oder der Wände, wobei die Eier unmittelbar nach dem Verlassen der weiblichen Kloakalöffnung quellen und die typische doppelte Eihülle ausbilden. Dabei vergrößert sich ihr Durchmesser bis um das Fünffache (von etwa 2 mm auf ca. 1 cm; Zucchi & Gonschorek 1983). Praktikabel ist es daher, das Zuchtpaar zum Ablaichen bereits in das Becken zu bringen, in dem sich die Embryonen entwickeln sollen, und dieses entsprechend sparsam einzurichten. Die Ausstattung des Beckens hat für den Erfolg des Laichvorgangs untergeordnete Bedeutung. Es ist einfacher, nach erfolgter Ablage die beiden Zuchttiere umzusetzen, als die Eier mühsam aus dem Becken zu entnehmen und sie zudem dem Risiko der Beschädigung auszusetzen. Lässt sich eine Umbettung des Geleges nicht vermeiden, sollten spätestens zum Zeitpunkt des beginnenden Laichaktes transportable Substrate wie etwa Luftschläuche, Bambusstücke oder flache Steine ins Becken gegeben werden. Ein ähnliches Vorgehen ist angezeigt, wenn die Gelege sehr groß sind und auf zwei Aufzuchtbecken verteilt werden sollen, um die Gefahr größerer Verluste zu minimieren. Dabei ist zu beachten, dass die Eier nicht austrocknen.

Von oben nach unten:
Bei diesem großen hochträchtigen „Humphrey-Albino"-Weibchen lassen die Eier die Bauchpartie deutlich gerundet hervor treten.

Zur Eiablage werden längliche Strukturen, wie hier die Blätter einer Wasserpflanze, bevorzugt.

Die Eier werden mit den Hinterbeinen an die Pflanzen geheftet, wobei die Eigallerte nach dem Ablaichen aufquillt.　　　　　Fotos: F. Ambrock

Haltung und Zucht

Dem Wasser sollte von Anfang an ein schwaches Desinfektionsmittel beigegeben werden. Neben ausreichender Belüftung sorgt diese Prophylaxe für die Vermeidung von Ausfällen durch den Befall mit Pilzen oder anderen Mikroorganismen. Auch bei sorgfältiger Einhaltung hygienischer Verhältnisse werden immer einige Eier trüben, verpilzen oder sich einfach nicht entwickeln. Diese abgestorbenen Anteile des Laichs sind zu entfernen, das Wasser sollte jedoch nur in Teilen gewechselt und durch frisches Wasser gleicher Temperatur ersetzt werden. Die Temperatur kann insgesamt oberhalb der üblichen Vorzugswerte liegen, die Larven entwickeln sich dann schneller und erfolgreicher.

Üblicherweise werden Entwicklungsverläufe von Amphibien in so genannten Normentafeln („staging series") erfasst. Diese korrelieren Entwicklungsstadien mit dem Zeitverlauf der Ausprägung von Merkmalen in der Embryonal- und frühen Larvalphase bei festgelegten Umgebungsbedingungen (Temperatur). Zum Verständnis solcher Normentafeln ist zu beachten, dass hier willkürlich Entwicklungsstadien anhand verschiedener Kategorien festgelegt werden, um einen Prozess beschreiben zu können, der natürlicherweise permanent verläuft. Daher ist immer die Möglichkeit gegeben, dass Embryonen oder frühe Larven in dasselbe Stadium gestellt werden, auch wenn sie sich in ihrem Entwicklungsstand eben nicht völlig gleichen. Auch für *Ambystoma mexicanum* wurden solche Normentafeln angelegt. Die von SCHRECKENBERG & JACOBSON 1975 vorgelegte Version wurde 1979 von BORDZILOVSKAYA & DETLAFF überarbeitet. Letztere erfuhr durch dieselben Autoren 1989 nochmals eine Revision (vgl. hierzu auch den Abschnitt „Axolotl im Netz") und wird zwischenzeitlich allgemein zur Festlegung von Stadien im Entwicklungsverlauf dieser Amphibien eingesetzt.

Über Sinn und Unsinn solcher Normierungen lässt sich trefflich streiten, und so bin ich in der Vergangenheit immer wieder darauf angesprochen worden, dass sich die Tiere gar nicht so entwickeln würden, wie in der Normentafel beschrieben – sondern langsamer oder schneller, oder erst schneller und dann etwas verlangsamt. Solche Beobachtungen treffen sicher alle zu, denn diese von Wissenschaftlern zur Beschreibung der frühen Lebensphase des Axolotls erstellte Tafel sollte eben nur das: Die Entwicklung eines Molches bei bestimmten festgelegten und standardisierten Bedingungen beschreiben. Sofern im heimischen Zuchtbecken nicht exakt diese Bedingungen herrschen, werden sich die Tiere auch anders entwickeln.

Innerhalb von Temperaturintervallen, die die Embryonen nicht schädigen, treten zwar Abweichungen bezüglich der Dauer der Prozesse auf, die Sequenz (Aufeinanderfolge) der durchlaufenden Stadien bleibt jedoch gleich. Jenseits dieser Temperaturgrenzen – also bei zu kalter oder zu warmer Haltung – kommt es häufig zu Fehlentwicklungen, die zu Ausfällen unter den Embryonen führen. Grundsätzlich gilt wie bei fast allen biologischen Prozessen, dass kältere Bedingungen zur Entwicklungsverzögerung, wärmere zu beschleunigter Entwicklung führen. Die Normentafel von BORDZILOVSKAYA & DETLAFF (1989) beschreibt die Entwicklungsverläufe bei 29 °C. Damit ist sie für den normalen Züchter als zeitliche Richtschnur ziemlich unbrauchbar, da kaum jemand seine Tiere derart warm halten wird (das ist auch nicht zu empfehlen, bei derart hohen Temperaturen leidet die Wasserqualität in erheblichem Maße sehr schnell). Die im Folgenden gemachten Angaben zur Entwicklung der Lurche beziehen sich daher nur auf die Sequenz der Ereignisse, auf exakte Angaben zum Zeitverlauf wird bewusst verzichtet, da dieser sich von Aquarium zu Aquarium unterscheiden kann – hauptsächlich in Abhängigkeit von der herrschenden Temperatur.

Haltung und Zucht

Ausgangspunkt der Entwicklung ist das befruchtete, gerade abgelegte Ei in seiner gallertigen Hülle. Wie alle Amphibieneier sind auch die Eier des Axolotls pigmentiert (Ausnahme ist der auch als Goldalbino bezeichnete „Humphrey-Hybride", dessen Eier weiß erscheinen, da ihnen Melanin fehlt) und mit einer ursprünglichen Symmetrieachse versehen, die vom animalen zum vegetativen Pol verläuft. Dabei kennzeichnet der Begriff „animal" jenen Pol des Eies, der mit weniger Reservestoffen („Dotter") ausgestattet ist. Die Dottermenge nimmt zum gegenüberliegenden vegetativen Pol hin zu, und rein äußerlich lässt sich der animale Pol anhand seiner Pigmentierung ausmachen; er befindet sich an der dunklen Seite des Eies. Bei Amphibien legt die animal-vegetative Achse auch die spätere („definitive") Vorn-Hinten-Achse des adulten Tiers fest (HADORN & WEHNER 1986).

Innerhalb des ersten Tages nach Eiablage bilden sich zunächst 64 Zellen aus, ohne dass sich hierbei der Eidurchmesser vergrößert. Auch während der anschließenden weiteren Entwicklungsschritte nimmt der Keim längere Zeit nicht an Größe zu. Erst mit Beginn der Neurulation (Frühentwicklung des Nervensystems), etwa 2–3 Tage nach der Eiablage, fängt der Keim an, seine Ausdehnung zu verändern, wächst aber nur sehr langsam. Der bis dahin kugelförmige Keim beginnt sich nun zu strecken, sein Umriss wird oval, die Richtung der künftigen Längsachse erkennbar. Nach 3–4 Tagen hat der Embryo eine halbrunde Form, er ist bauchseitig konkav gewölbt und die Längsstreckung fortgeschritten, das Gehirn und die Kiemenregion beginnen sich auszuformen. Nach einer Entwicklungsdauer von 5–6 Tagen beginnt das so genannte „Schwanzknospenstadium". Der Keim zeigt sich immer deutlicher gestreckt, die Kopf-Schwanz-Achse (= Vorn-Hinten-Achse) wird eindeutig sichtbar; das sich entwickelnde Tier liegt nun zunehmend gerade auf dem kugelförmigen Restdotter. Die Größe der Schwanzknospe nimmt zu, und der rückenseitige Flossensaum entsteht. Die Kiemenanlagen werden von außen hinten am Kopf sichtbar. Nach etwa einer Woche beginnt das Herz zu schlagen, und

Die Eier werden z. B. an Wasserpflanzen abgelegt (hier die braun und weiß gefärbten Eier des braunen Farbtyps). Foto: H. Wallays

Eier mit weiter entwickelten Larven
Foto: H. Wallays

Haltung und Zucht

34

Haltung und Zucht

Linke Seite
Links von oben nach unten:
Nach der Ablage haften die Eier des Geleges mit ihrer Gallerten aneinander und am Substrat. Die Keime erscheinen kurz nach der Eiablage noch rund, die ersten Zellteilungen haben zu diesem Zeitpunkt jedoch längst stattgefunden und die drei Keimblätter sind differenziert (Gastrulation).

Nach einigen weiteren Tagen hat die so genannte Neurulation stattgefunden. Wirbelsäulenanlage und das Rückenmark formen sich nun aus, der Keim beginnt sich zu strecken.

Etwas später wird bereits die Larvenform im Ei erkennbar (Organogenese). Der Keim hat sich gestreckt, die Anlagen der Kiemen werden sichtbar.

Rechts von oben nach unten:
Nach zwei bis drei weiteren Tagen ist die Organogenese fast abgeschlossen, auch der Ruderschwanz ist jetzt erkennbar. Die Tiere führen im Ei jetzt bereits Bewegungen aus.

Am Tag des Schlupfes sind die Larven pigmentiert, die Augen sind erkennbar. Durch kurze, heftige Bewegungen wird schließlich die Eihülle gesprengt.

Unmittelbar nach dem Schlupf ist die weißliche Bauchpartie gut zu erkennen, die von den Dottervorräten herrührt, von denen die nun freischwimmenden Larven in ihren ersten Lebenstagen zehren. Fotos: F. Ambrock

„Frühe Larve" (noch ohne Beine) des braunen Farbtyps   Foto: H. Wallays

Eies schließen die Larven ihre Embryonalentwicklung ab und zehren noch von den inkorporierten Dottervorräten. Erst danach öffnet sich der Mundspalt und wird funktionsfähig.

Etwa zu diesem Zeitpunkt beginnen die Larven mit der Nahrungsaufnahme – ein Ereignis, das sich von außen auch daran erkennen lässt, dass die Tiere dem späteren „Saugschnappen"

Die Larven des „Humphrey-Typs" sind schwieriger aufzuziehen und weisen eine hohe Sterblichkeit auf.   Foto: H. Wallays

der Embryo zeigt die ersten Chromatophoren (Pigmentzellen); ungefähr ab dem 12. Tag werden die Mundwinkel erkennbar. Die Kiemen sind jetzt vergrößert und als solche erkennbar.

Der Schlupf erfolgt etwa zwei Wochen nach der Eiablage. Nach dem Schlupf sollten die restlichen Eihüllen vorsichtig entfernt werden, damit sie nicht zum Schmutzfänger im Becken werden. Der Mund der frisch geschlüpften Larve ist als eingebuchtete Linie erkennbar, aber noch vollständig geschlossen. Die Vorderbeinknospen sind als winzige Anlagen ausgebildet. In den ersten etwa 2–3 Tagen außerhalb des

Haltung und Zucht

Bei dieser Larve des Wildtyps brechen gerade die Hinterbeine durch. Foto: H. Wallays

Spätlarve des „Humphrey-Axolotl" Foto: H. Wallays

ähnliche Bewegungen auszuführen beginnen und dass – insbesondere bei der Verfütterung der orangefarbenen *Artemia*-Nauplien – der Mageninhalt erkennbar durchscheint. Gleichzeitig treten die Zähne im Zusammenhang mit ihrer vorgesehenen Verwendung erstmals in Funktion (WISTUBA 2000). Die Bezahnung in ihrer frühlarvalen Form ist bereits zum Zeitpunkt des Ausschlüpfens vollständig vorhanden, die bezahnten Knochen sind jedoch nicht ausmineralisiert. Das „Aushärten" der Zähne geschieht erst zeitlich korreliert mit der Nahrungsaufnahme.

Die beim Schlupf noch unterentwickelten, nur als Knospen vorhandenen Vorderextremitäten bilden sich – wie bei allen Schwanzlurchen – vor den Hinterbeinen aus. Dabei wachsen sie zunächst in Längsrichtung, ihr Vorderende erscheint spatelförmig verbreitert. Nach und nach differenzieren sich die Finger aus, und wenige (zwei bis drei) Wochen nach dem Schlupf sind die Vorderbeine fertig ausgebildet (Gesamtlänge der Tiere 3–3,5 cm). Die Hinterbeine dagegen brauchen bis zur vollständigen Differenzierung deutlich länger. Nach sechs Wochen sind sie immer noch nur als kleinere Anlagen, nach acht bis zehn Wochen erst als Extremitäten erkennbar; die Larven messen jetzt um 5 cm.

Das Fortschreiten der larvalen Entwicklung hängt – abgesehen von der Umgebungstemperatur – nunmehr auch erheblich vom Ernährungszustand der Tiere ab und

Haltung und Zucht

Larven dieses Alters können mit *Tubifex*, Mückenlarven und Ähnlichem gefüttert werden. Dieses Exemplar zeigt sehr stark entwickelte, fiedrige Kiemenäste. Foto: H. Wallays

variiert zudem noch individuell. Nach Verlassen der Eihülle und Aufzehrung der embryonalen Vorräte sind alle weiteren Entwicklungsschritte zur typischen Larvengestalt stets auch mit Wachstumsprozessen verbunden, die stark mit der ernährungsbedingten Gesamtkonstitution korreliert sind. Wenn die Larven zwischen 3 und 4 cm lang geworden sind, beginnen sie allmählich, auch größere Futterorganismen zu sich zu nehmen (*Tubifex*, Mückenlarven, größere *Daphnia*). Es ist nun möglich, das angebotene Nahrungsspektrum zu erweitern; eine Tatsache, die für gewöhnlich dem weiteren Wachstum und der Gesundheit der Larven sehr zuträglich ist. Ist die Futterumstellung vollzogen, fallen kaum noch Tiere aus. Nun muss jedoch darauf geachtet werden, dass hinreichend Platz zur Verfügung steht, denn auch eine eventuelle Raumkonkurrenz kann die weitere Entwicklung negativ beeinflussen. Spätestens jetzt können auch kannibalische Tiere auftreten, die entfernt werden müssen.

Es sei hier nochmals betont, dass unter Amphibien Axolotl zwar vergleichsweise einfach nachzuziehen sind. Das heißt jedoch nicht,

Haltung und Zucht

„Charakteristische Larve" des Wildtyps   Foto: H. Wallays

dass der Erfolg garantiert ist. Die grundsätzliche Fortpflanzungsstrategie der meisten Amphibien besteht darin, möglichst viele Nachkommen zu erzeugen, da von diesen nur sehr wenige die nächste Generation erreichen. Dieses Prinzip dient vor einem evolutiven Hintergrund der natürlichen Selektion. Für den Halter und Züchter bedeutet es, nicht zu enttäuscht zu sein, wenn von den ursprünglichen 200 Eiern eines Geleges sich nur etwa 100 bis zum Schlupf entwickeln und anschließend von den geschlüpften Tieren auch noch die Mehrheit stirbt. Leider ist das eigentlich der normale Gang der Dinge. Überleben 20 Tiere das erste Jahr (also 10 % des ursprünglichen Geleges), dann ist dies bereits als großer Erfolg zu werten. Alles darüber Hinausgehende ist hervorragend. Wer mit der Zucht beginnt, muss sogar damit rechnen, dass die ersten Gelege vollständig verloren gehen oder alle Larven sterben. Davon sollte man sich jedoch nicht abhalten lassen, es weiter zu versuchen. Auch bei der Nachzucht kommt es hauptsächlich auf Erfahrung und Ausstattung an sowie darauf, ein funktionierendes Zuchtpaar zu finden.

Der weitere Entwicklungsverlauf nach Erreichen der larvalen Gestalt ist äußerlich nur mit der zunehmenden Größe verbunden. Im Alter von knapp einem Jahr treten die Molche in die semiadulte Lebensphase ein. Sie messen vom vorderen Schnauzenrand bis zur Schwanzspitze jetzt zwischen 12 und 15 cm. In ihrem Erscheinen noch den typischen Larven gleichend, ist nun der Zeitpunkt erreicht, zu dem die Adultation – also das Geschlechtsreifwerden – vom Organismus vorbereitet wird.

Haltung und Zucht

Ein „Vorzeige"-Wildtyp mit der typischen Färbung und Zeichnung
beide Fotos: F. Ambrock

Bei vergleichbar großen Ambystomatiden, die nicht neoten sind, findet in dieser Lebensphase die Metamorphose statt. Das Erreichen dieses Stadiums lässt sich an verschiedenen Merkmalen eindeutig feststellen, etwa am Auftreten eines bestimmten Zelltyps (Leydigsche Zellen) im Epithel der Zunge (WISTUBA & CLEMEN 1998; WISTUBA et al. 1999) und – wohl am sichersten – am Auftreten erster zweispitziger Zähne im Oberkiefer. Beide genannten Merkmale sind jedoch nur histologisch bzw. bei starker Lupenvergrößerung eindeutig erkennbar. Damit zeigen Axolotl alle drei von Urodelen bekannten Zahntypen, auch unabhängig vom Durchlaufen einer vollständigen Metamorphose (GREVEN 1989; vgl. auch WISTUBA 2000).

Bis zur vollständigen Geschlechtsreife vergeht mindestens ein weiteres halbes Jahr. Die Molche werden dabei zum einen größer (15–17 cm Gesamtlänge), zum anderen prägen sich nun die Geschlechtsunterschiede aus. Die Männchen entwickeln die erwähnte Schwellung der Kloakaldrüsen, die Weibchen eine rundlichere Körperform. In diesem Alter beginnen die Tiere auch mit der Bildung der Geschlechtsprodukte. Die Adultation gilt als vollständig, wenn sich die Tiere erstmals erfolgreich reproduzieren.

Der natürliche Reproduktionszyklus der Axolotl scheint annuell zu sein, das heißt, die Tiere kommen nur einmal jährlich zur Fortpflanzung. Neuere Studien zum hormonellen Geschehen konnten zeigen, dass dieser Rhythmus von Konzentrationsschwankungen im Thyroxin- und Gonadotropingehalt (also der die Geschlechtshormon-Freisetzung steuernden Botenstoffe) im Blut reguliert wird (BET-

TIN 2003). Inwieweit dieser Zyklus ursprünglich ist, ist unbekannt, da Untersuchungen zu Wildpopulationen fehlen. Es ist jedoch zu vermuten, dass der jährliche Zyklus den Normalfall darstellt und dass die in Gefangenschaft häufig zu beobachtenden mehrfachen Ablaichvorgänge im Jahresverlauf durch die Haltungsbedingungen (Temperaturregime, Lichtlänge und -intensität, Ernährungszustand) ausgelöst werden, die die natürlichen, für den annuellen Rhythmus verantwortlichen Umgebungsbedingungen übersteuern und die hormonelle Regulation beeinflussen.

Krankheiten

Für gewöhnlich werden Tiere in menschlicher Obhut seltener krank als in natürlicher Umgebung. Erkranken sie jedoch, sterben sie auch weit schneller als im Freiland. Ursache dafür ist, dass frei lebende Tiere häufiger mit Parasiten in Kontakt kommen, öfter nicht ausreichend ernährt und stärker von Ereignissen betroffen sind, die kurzfristig ihre unmittelbaren Umgebungsbedingungen dramatisch verändern können.

Dagegen liegen bei der Haltung in Gefangenschaft üblicherweise hygienische Verhältnisse, ausreichendes Futter und weitgehend gleich bleibende, kontrollierte Umweltbedingungen vor, die den von den Tieren bevorzugten Werten nahezu immer entsprechen. Wenn ein Tier aber erkrankt, ist es häufig aufgrund dieser Umstände weniger widerstandsfähig – es ist einfach weniger Schlechtes gewohnt – und hat zudem den Nachteil, dass es wegen des beschränkten Platzangebotes nicht ausweichen kann und sich, einmal geschwächt, unter Umständen permanent neu infiziert oder statt nur einer Krankheit gleich mehrere zur selben Zeit bekommt.

Bezüglich der Behandlung von Amphibienkrankheiten zeigt die Erfahrung generell, dass es nur wenige Veterinäre gibt, die sich mit den Erkrankungen dieser Tiere auskennen. Somit sind Erfahrungen anderer Halter sehr wertvoll. Dieses Buch versucht, die wichtigsten Erkrankungen sowie einige einfache Behandlungsmethoden zu nennen, wobei aber kein Anspruch auf Vollständigkeit erhoben werden kann. Ein gewisser Nachteil von Büchern ist, dass sie nur in relativ langen Abständen neu aufgelegt und überarbeitet werden. Zu empfehlen ist daher, sich Informationen immer auch direkt bei Züchtern und Haltern zu holen. Zudem gibt es inzwischen wirklich hervorragende Internetseiten, die regelmäßig erneuert und erweitert werden, so dass hier meist noch aktuellere Informationen zu erhalten sind. An dieser Stelle sei besonders Axolotl-online (http://www.axolotl-online.de; Betreiber: Frank Ambrock) empfohlen; viele Hinweise, die ich in diesem Buch verarbeitet habe, stammen von dieser Internetseite.

Die meisten Erkrankungen, die Axolotl bekommen, werden durch mangelnde Sauberkeit, schlechtes oder falsches Futter oder Stress jedweder Art ausgelöst. Gerade Phasen der Eingewöhnung in eine neue Umgebung mit veränderten Bedingungen wie etwa Beleuchtung, Wasserqualität oder Futterzusammensetzung stellen für neu erworbene Tiere eine erhebliche metabolische Stresssituation dar. Wenn solche Molche bereits parasitiert oder leicht infiziert sind, tragen die Veränderungen zu einer erhöhten Anfälligkeit bei. Auch aus diesem Grund ist die vorübergehende Unterbringung in Quarantäne (s. v.) von großer Bedeutung.

Die genannten Faktoren können sowohl zu nicht infektiösen Erkrankungen als auch – zumeist sekundär – zu Infektionen führen. Beobachtet wurden bei Axolotln bereits zahlreiche Krankheiten verschiedenster Ursachen. Oft besteht der erste Hinweis auf eine Schädigung der Molche darin, dass sie die Futteraufnahme einstellen. Wenn eingewöhnte Tiere über längere Zeit nicht fressen, ist mit Sicherheit irgendeine Störung dafür verantwortlich. Liegen keine deutlichen Anzeichen für eine Erkrankung vor – etwa Verletzungen, blasige Auftreibungen oder Verfärbungen der Haut – oder eine erkennbare Parasitierung, können Wasserqualität und/oder Fehlernährung die Ursache sein.

Im Wasser können z. B. Stoffe gelöst sein, die der Gesundheit der Tiere abträglich sind, etwa Schwermetalle, Chlor oder Stickstoffverbindungen; bei mangelhaftem Wasserwechsel reichern sich diese durch sich zersetzende Futterreste oder abgestorbene Pflanzenteile an. Darüber hinaus können toxische Substanzen, wie etwa bestimmte Weichmacher aus Plastikteilen (Becken, Filter, Schläuche), ins Wasser übertreten. Gerade Belastungen durch giftige Stickstoffverbindungen können bei aquatischen Wirbeltieren Hautveränderungen und teilweise Zerstörung von Kiemengewebe nach sich ziehen. Neben reduziertem Wachstum kommt es hierbei auch – insbesondere bei Larven – zum plötzlichen Tod (DUHON 1989). Im Extremfall kann unter Umständen schon eine Fütterung erwachsener Tiere mit Fleisch, das etwas Thyroxin enthält oder dem noch Teile der Schilddrüse anhaften, die Metamorphose anstoßen. Da dieses Geschehen dann außerhalb der dafür vorgesehenen Entwicklungsphase abzulaufen beginnt, können die Tiere schwer erkranken und sterben in den meisten Fällen, da sich z. B. das Darmepithel umbaut und kleinere Verletzungen viel schlechter ausheilen. Es gilt also unbedingt zu beachten, dass – wenn überhaupt – tatsächlich nur schieres Muskelfleisch verfüttert wird. Vorbeugend und als Sofortmaßnahme bei beobachteten Verhaltensänderungen, die auf eine Erkrankung hindeuten, sollte das Wasser regelmäßig kontrolliert und zumindest in Teilen ersetzt werden.

Erkrankter Weißling (man achte auf den verformten, stark unterständigen Unterkiefer).
Foto: H. Wallays

Die Fütterung erwachsener Tiere mit Fleisch, das Thyroxin (etwa durch anhaftende Schilddrüsenreste) enthält, kann ihre Metamorphose auslösen. Nach einer solchen Fehlfütterung ist dieser fünf Jahre alte Axolotl völlig abgemagert und hat seine Kiemenäste zurückgebildet; auch seine Extremitäten sind bereits so umgeformt, wie es bei einem bevorstehenden Landgang zu erwarten wäre. Verletzungen heilen in diesem Zustand nicht mehr aus.
Foto: J. Wistuba

Außer der Wasserqualität spielt der ausgeglichene Ernährungszustand eine entscheidende Rolle für die Anfälligkeit der Tiere. Die Molche optimal zu ernähren, ist zum einen schwierig, weil über ihre tatsächlichen Ansprüche und ihr natürliches Nahrungsspektrum nur wenig bekannt ist (DUHON 1989), zum anderen auch, weil die Ernährung in Gefangenschaft häufig durch die Praktikabilität eingeschränkt ist. Grundsätzlich muss abwechslungsreich gefüttert werden. Nur Fisch, nur *Tubifex* oder nur Regenwürmer stellt immer eine Mangelernährung dar. Im Freiland fangen Axolotl mit Sicherheit auch keine Hühner. Also stellt beispielsweise auch die Verfütterung von Regenwürmern nur einen Ersatz dar, der durch möglichst viele verschiedene Futtersorten ergänzt werden muss. Die früher durchaus empfohlene alleinige Ernährung mit Rinderleber kann beispielsweise zu Lebervergrößerung, Anämie oder verschlechterter Kiemendurchblutung führen (SNIESZKO 1972; DUHON 1989). Variable Futtergaben stellen zudem sicher, dass von den Axolotln benötigte Vitamine in ausreichender Menge aufgenommen werden. Kann dies nicht über die Fütterung erreicht werden, ist die Verabreichung entsprechender Präparate ratsam. Diese können zum Teil über das Wasser, zum Teil über die Nahrung zugeführt werden.

Über solche mit den Lebensbedingungen in Verbindung stehenden Defekte hinaus können – relativ selten – als weitere nicht infektiöse Erkrankungen bei *Ambystoma mexicanum* tumorartige Wucherungen auftreten. Beobachtet wurden solche Gewebsveränderungen u. a. an Hoden (HUMPHREY 1969) und Haut (BRUNST 1969). Tiere, die derartige Geschwulste zeigen, sollten getötet, zumindest aber aus der Zucht entfernt werden, da die wahrscheinlichste Ursache ein Inzuchtdefekt sein dürfte und die Tumore sich für gewöhnlich einer Behandlung ohnehin entziehen (HERRMANN 1994).

Es ist kaum möglich, alle bisher beobachteten Krankheitsbilder von Axolotln zu beschreiben. Zeigen die Tiere erste Krankheitssymptome, also Nahrungsverweigerung, Verfärbungen oder Blutungen, muss rasch gehandelt werden. Dabei ist es zunächst von sekundärer Wichtigkeit, ob die tatsächliche Ursache bekannt ist. In den meisten Fällen wird sie sich ohnehin von außen nicht eindeutig klären lassen.

Je nach der Grundkonstitution der erkrankten Molche kann eine Erkrankung recht lange (mehrere Wochen) dauern, bevor der Tod eintritt, sie kann das Tier aber auch innerhalb weniger Tage töten. Für den Erfolg einer Behandlung kann deren Dauer jedoch ausschlaggebend sein. Am häufigsten sind von den Organen wohl die Leber, die Milz, die Haut und der Magen-Darm-Trakt befallen (DUHON 1989). Ernsthafte Infektionen, die diese Gewebe angreifen, führen sehr oft zum Tod der Tiere. DUHON (1989) beschreibt die Symptome als allgemeine Reaktion auf die partielle Vergiftung durch Krankheitserreger, wobei die exakte Zuordnung zu einzelnen verursachenden Organismen sehr schwierig zu treffen ist. Unklarheit besteht z. B. darüber, ob bzw. welche Virusinfekte Amphibien betreffen können (vgl. HERRMANN 1994; s. u.).

Nur wenig mehr ist über bakterielle Ursachen bekannt. Als pathogen (= krankheitserregend) gilt eine ganze Reihe von Mikroorganismen, die in erkrankten Lurchen gefunden wurde. Deren allgemeine Verbreitung in Gewässern und ihre geringe Spezialisierung auf bestimmte Wirtsorganismen macht es sehr schwierig, Verbindungen zu bestimmten Krankheitsbildern herzustellen. Speziell in erkrankten Axolotln konnten bislang z. B. *Aeromonas hydrophila* (BOYER et al. 1971) sowie Arten von *Proteus, Pseudomonas, Actinomycetes, Salmonella, Acinetobacter* und *Alcaligenes* nachgewiesen werden (DUHON 1989; BROTHERS 1977); sämtlich Erreger, die auch bei anderen Amphibien auftreten.

Chlamydia psitacci, der Erreger der „Papageienkrankheit", kann auch auf Urodelen

Mundboden einer mit Ciliaten-Parasiten (roter Pfeil: Wimpertierchen; s. Bildvergrößerung rechts) befallenen Axolotl-Larve Fotos: J. Wistuba

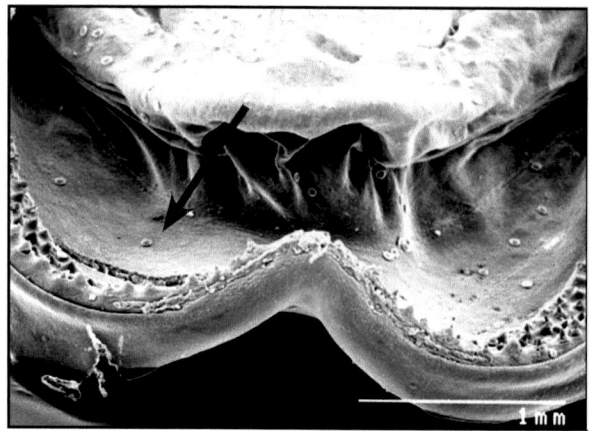
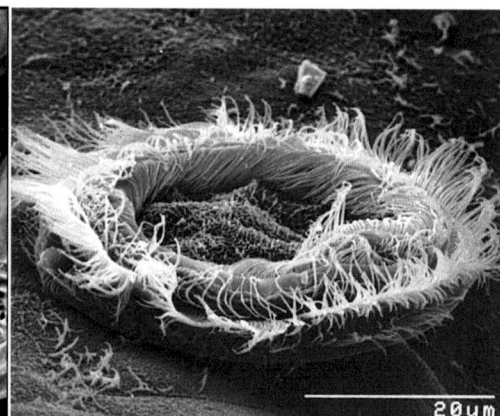

übertragen werden, und eine australische Arbeitsgruppe konnte die Infektion von Axolotln nachweisen (Frank Mutschmann, mdl. Mitteilung). Das Krankheitsgeschehen führt zum Tod der betroffenen Tiere. Als Überträger kommen u. a. Krallenfrösche der Gattung *Xenopus* in Frage, die selbst nicht erkranken und somit äußerlich gesund erscheinen. Eine Vergesellschaftung der beiden Arten birgt also ein Infektionsrisiko, und selbst bei Pflege in getrennten Aquarien innerhalb der gleichen Anlage kann bei mangelnder Vorsicht und Hygiene eine Ansteckung erfolgen.

Gegen Infektionen oder Parasitierungen bei Amphibien erfolgreich vorzugehen, ist auch deshalb schwierig, weil die Organismen, die an wechselwarme Wirte angepasst sind, gegenüber Umweltveränderungen (z. B. Temperatur, Sauerstoffgehalt) resistenter sind, so dass Maßnahmen wie bessere Durchlüftung oder Kühlung oft nichts einbringen (vgl. HERRMANN 1994). Da *Ambystoma mexicanum* nie als Wildfang angeboten wird, ist das Problem der Parasitierung geringer als bei anderen Lurchen. Diese sind, wenn sie aus dem Freiland stammen, zum überwiegenden Anteil befallen (Protozoen und Nematoden sind häufig). Axolotl dagegen können von mit dem Futter eingeschleppten Erregern parasitiert werden (z. B. *Trichodina*, s. v.). Dem kann hauptsächlich durch variable Futtergaben vorgebeugt werden, da dies eine Anreicherung von eventuellen Parasiten im Aquarienwasser vermeidet.

HERRMANN (1994) berichtet, dass die bei Fischen als „Hydrops" bezeichnete Gasblasenkrankheit in ähnlicher Form auch bei *Ambystoma mexicanum* vorkommt, ebenso Infektionen mit *Hexamita*, *Opalina*, *Trichodina* (s. v.) oder *Costia*. Letztere sind ebenfalls Parasiten, die von Fischen bekannt sind. Darüber hinaus können Axolotl sogar Hepatitis – also Gelbsucht – bekommen, dieselbe Infektion, an der auch der Mensch erkranken kann. Dieser virale Erreger tötet die Tiere fast immer (HERRMANN 1994). Welcher Erreger nun genau eine bestimmte Er-

Axolotl mit einer Nierenfunktionsstörung
Foto: H. Wallays

krankung auslöst, ist aber jeweils schwierig zu ermitteln. Sehr oft sind es auch mehrere Keime, der primären folgen sekundäre Infektionen, häufig durch im Wasser befindliche Pilze, wobei die Verpilzungsgefahr mit zunehmendem Alter geringer wird (DUHON 1989). Eine Behandlung ist zwar grundsätzlich möglich, ihr Erfolg allerdings oft bescheiden. Die größten krankheitsbedingten Ausfälle treten erfahrungsgemäß in den frühen Entwicklungsphasen auf. Auch der Laich kann schon befallen werden; die Embryonen erreichen dann oft nicht einmal mehr den Schlupfzeitpunkt, die Eier verschimmeln regelrecht. Bisher wurden für Amphibienlaich folgende Mikroorganismen festgestellt: *Saprolegnia* sp., *Basidiobolus ranarum* sowie *Fonsecacea pedrosoi* (HERRMANN 1994). Die Eier werden im Fall einer Kontamination weißlich oder trüb. Sie können auch erst sekundär verpilzen, nachdem der Embryo aufgrund einer Fehlentwicklung bereits abgestorben ist.

Frisch geschlüpfte Larven leben noch von ihren embryonalen Reservestoffen; ihre Konstitution ist anfänglich nicht sehr kräftig. Dazu kommt, dass ihre primäre Ernährung unter Gefangenschaftsbedingungen notwendigerweise einseitig ist und die Larven dicht an dicht gehalten werden. Damit erhöht sich neben der allgemeinen Anfälligkeit – diese kann durchaus auch genetisch bedingte Ursachen haben – auch die Ansteckungsgefahr, wenn sich ein Tier infiziert.

Es sollten in den Larvenbeständen erkrankte Tiere daher ausgesondert und getötet werden. Eine Behandlung kann zwar versucht werden, bleibt aber in der überwiegenden Mehrzahl der Fälle – insbesondere bei jüngeren Tieren – erfolglos und verlängert nur deren Leidenszeit. Bei der Aufzucht mag es wichtiger sein, die noch gesunden Tiere zu schützen, als die Todgeweihten zu retten. In jedem Fall sind die gesunden von den kranken Larven zu trennen. Die gleichzeitige Behandlung gesunder und kranker Tiere im selben Becken, was gerade bei jungen, noch sehr kleinen Larven aus Gründen der Praktikabilität durchgeführt wird, ist unsinnig. Oft gefährdet sie durch die chemische Belastung seitens der Medikamente sogar die noch gesunden Tiere, setzt diese Larven später einem durch den physischen Stress erhöhten Risiko aus und schadet den gesund gebliebenen Molchen somit mehr als sie den Kranken nutzt. Ein häufig zu beobachtendes Alarmzeichen für einen bedrohten Larvenbestand ist das Auftreten seitlich abgeknickter Schwanzspitzen bei jungen Tieren. In diesem Fall muss sofort behandelt werden, und selbst dann sind die Ausfälle hoch. Darüber hinaus kann versucht werden, den Tieren mehr, oder besser noch, anderes Futter anzubieten, um sie zu kräftigen. Ob diese Symptome mit dem als „hooked tailtip" von Krallenfroschquappen bekannten, wahrscheinlich mutationsbedingten Phänomen vergleichbar sind (HERRMANN 1994), ist unklar. Bei Schwanzlurchen tritt weiterhin ein larvaler Defekt auf, der zur Fehlentwicklung der Extremitäten und damit sekundär zu deren Verpilzung führt. Solche „Pilzfüße" sind für gewöhnlich ebenfalls todgeweiht.

Deswegen ist besonders in dieser Lebensphase auf ständige Kontrolle und große Sauberkeit zu achten. Auch der prophylaktische Einsatz von Desinfektionsmitteln ist zu empfehlen, um das Risiko möglichst gering zu halten. Entsprechende Präparate sind im Zoohandel oder in Apotheken zu beziehen, die Behandlungsmethoden für aquatische Amphibien unterscheiden sich nicht wesentlich von den bei Zierfischen angewandten.

HERRMANN (1994) empfiehlt verschiedene desinfizierende Lösungen als Zusatz zum Hälterungswasser, z. B.:

- Rivanol oder Chinin in einprozentiger Lösung
- Methylenblau: Drei Milliliter einer einprozentigen Lösung auf zehn Liter Wasser

Als geeignete Prophylaxe sowie zur Herstellung hygienischer Verhältnisse im Becken hat sich eine sehr simple und vor allem preisgünstige Methode bewährt, die Verwendung von verdünnter Kochsalzlösung (NaCl-Lösung) (Konzentration geringer als 1 %). Die Salzlösung kann sowohl zur schwachen Desinfektion als auch zur Behandlung verletzter Tiere eingesetzt werden und in höherer Konzentration auch der Reinigung der Becken dienen, wenn diese anschließend mit Leitungswasser kräftig durchgespült werden. Wird die Behandlung nicht über einen zu langen Zeitraum (zwei bis drei Wochen) durchgeführt, sind die Tiere kaum beeinträchtigt.

Neben den genannten Mitteln können auch zusammengesetzte Präparate mit gleich mehreren aufeinander abgestimmten Wirkstoffen Verwendung finden. Diese enthalten zum Beispiel Kombinationen aus Aminonitrothiazol, Etacrinollactat und Tetramethyldiaminotriphenylastinol (Furamor) oder schwach ozonierende Stoffgemische (zum Beispiel Ektozon: Natriumperboricum, Magnesiumperoxid und Kaliumchlorid). Beides kann auch gut als Prophylaxe (am besten in geringfügiger Unterdosierung) bei der Aufzucht von Larven dienen. Auf Präparate, die auf Kupfersulfat basieren, sollte verzichtet werden.

Ohnehin sollten zur Bekämpfung von Mikroorganismen stets verschiedene Mittel eingesetzt werden. Wird immer nur ein Präparat verwendet, gelingt meist nur der Ausschluss bestimmter Erreger. Alle anderen im Wasser verbleibenden Mikroorganismen finden aufgrund der verringerten Konkurrenz Lebensbedingungen vor, die zum Teil sogar zu ihrer Anreicherung führen können.

Oberflächliche Verpilzungen können kuriert werden, indem man die infizierten Tiere separiert und mit Salzbädern behandelt. Die Behandlung kann intensiv erfolgen, wobei das Tier für 10 Minuten in einer Sole aus einem Teelöffel Salz auf einen Liter Wasser gebadet wird. Man kann eine solche Behandlung wiederholt durchführen, jedoch nicht zu oft. Alternativ kann auch ein Dauerbad zur Anwendung kommen, bei dem im Haltungswasser zunächst ein Teelöffel Salz auf 10 Liter gelöst wird. Die Konzentrationen sollten dann kontinuierlich über einen Zeitraum von mehreren Tagen gesenkt werden (anfänglich ein Teelöffel auf 10 Liter bis hinunter zu einem Teelöffel auf 100 Liter), wobei das Wasser täglich erneuert werden muss. Mit dieser kostengünstigen und einfachen Methode verschwinden die weißlichen Verpilzungen der Haut für gewöhnlich nach etwa einer Woche. Nach einigen Tagen Sicherheitsquarantäne können die symptomfreien Axolotl zu ihren Artgenossen zurückgesetzt werden.

Eine sehr ernstzunehmende Erkrankung stellt die Axolotl-Pest dar. Diese Krankheit trägt ihren Namen zu Recht, rafft sie doch infizierte Tiere innerhalb sehr kurzer Zeit dahin. Ihre genauen Ursachen sind im Detail nicht geklärt. Wahrscheinlich ist es eine Mischinfektion aus Pilzen und Bakterien, die geschwächte Tiere befällt, vorzugsweise, wenn diese Tiere unter schlechten Bedingungen gehalten werden. Diese Keime sind immer anwesend, zu Erkrankungen kommt es erst, wenn die Tiere zusätzlichen Belastungen ausgesetzt sind. Erste Anzeichen sind Nahrungsverweigerung und Veränderungen der Haut, wie zum Beispiel Entfärbungen oder Schwellungen. Äußerliche Symptome sind rötliche, später auch offene Stellen auf der Haut, die sehr schnell großflächig werden und dann sekundär verpilzen. Unbehandelt endet die Erkrankung mit dem Tod der Tiere. Erkrankte Tiere sind schnellstmöglich zu vereinzeln und zu behandeln. Sofern die Krankheit früh erkannt wird, kann wie oben beschrieben ein Salzbad bei gesenkten Haltungstemperaturen (13–15 °C; die Abkühlung dient der Stoffwechselverlangsamung) helfen. Stellt sich kurzfristig keine Besserung ein, sollte man jedoch einen Tierarzt hinzuziehen.

Zur intensiveren Behandlung wird die Verwendung von Gentamycin vorgeschlagen, ein verschreibungspflichtiges Breitbandantibiotikum, das in der Humanmedizin z. B. in Form von Augentropfen verwendet wird, aber auch von Tierärzten bei Infektionen verabreicht und verschrieben werden kann. Selbst wenn der Veterinär sich nicht unmittelbar mit Amphibien befasst, muss er zumindest wegen eines Rezeptes konsultiert werden. Gentamycin (es können sicher auch andere Antibiotika in gelöster Form verwendet werden) behandelt die primäre bakterielle Infektion, der sekundäre Pilzbefall wird dabei nicht bekämpft. Die Behandlung sollte bei normalen Wassertemperaturen stattfinden und mehrfach wiederholt werden. Wenn Augentropfen als Gentamycin-Quelle dienen, kann in Absprache mit dem Tierarzt (die Gentamycin-Konzentrationen in verschiedenen Medikamenten können variieren) wie folgt verfahren werden:

- Intensivbad: 1 Milliliter Gentamycin-Tropfen auf 1 Liter Wasser, 10 Minuten baden.
- Dauerbad: 0,25 Milliliter Gentamycin-Tropfen auf 1 Liter Wasser, über einige Stunden baden.

Lediglich bei fast ausgewachsenen Axolotln können Verletzungen auch direkt behandelt werden. Wenn zum Beispiel Bisswunden infiziert sind, können verletzte Tiere herausgefangen und – mit etwas Übung auch ohne Betäubung – die Wundflächen gereinigt oder zerbissene Extremitäten mit einem Skalpell

Haltung und Zucht

Kranker „Humphrey-Axolotl" kurz vor seinem Tod
Foto: H. Wallays

oder einer Schere amputiert werden. Wird sauber gearbeitet, wachsen die verletzten Beinteile nach, die Tiere regenerieren unter Umständen sogar vollständige Extremitäten. Gereinigte Wundflächen können mit medizinischem Alkohol und Wattestäbchen vorsichtig abgetupft und so desinfiziert werden. Die behandelten Tiere sind danach bis zur vollständigen Heilung einzeln in ein sauberes Becken zu bringen.

Müssen die Tiere betäubt werden, um gezielt einzugreifen, hat sich MS 222 (Tricainmethansulfat; Gefahrenhinweise des Herstellers beim Umgang beachten!) in einer 0,3- bis 0,6%igen Lösung als Betäubungsbad bewährt. Diese Chemikalie lähmt die afferenten und efferenten Nerven, schränkt aber Herztätigkeit und Hautatmung nicht ein. Die Molche nehmen das Betäubungsmittel über Haut, Kiemen und Schleimhäute auf. Nach etwa 15–30 Minuten im Betäubungsbad können die Tiere behandelt werden. Der richtige Zeitpunkt ist festzustellen, indem man die Axolotl auf den Rücken dreht (Latexhandschuhe!). Verharren sie so – zeigen sie also keinen Rückstellreflex mehr –, ist die Narkosewirkung vollständig. Nach der Behandlung sollte das Erwachen in fließendem Leitungswasser erfolgen, was maximal über eine Stunde dauern kann. Eine Narkose kommt auch zum Einsatz, bevor man Tiere durch Dekapitieren (= Enthaupten) töten muss.

Abzusehen ist von Injektionsnarkosen. Diese setzen neben einer entsprechenden Ausbildung und Erlaubnis erhebliches handwerkliches Geschick voraus und sind im Fall der aquatilen Axolotl unnötig, da sich das Betäubungsbad sehr gut handhaben lässt. Nicht verwendet werden sollte auch das Narkotikum Urethan. Dieses Mittel kann bei minimal falscher Dosierung schnell zu starken Schädigungen von Haut und Schleimhaut führen, die nicht mehr verheilen. Nach aktuellem Tierschutzrecht gilt ohnehin, dass Narkosen und die Tötung von Wirbeltieren unter veterinärmedizinischer Aufsicht oder der Aufsicht von Personen mit entsprechender Sachkunde stattfinden müssen.

Immer muss allerdings abgewogen werden, was für das verletzte Tier besser ist. Eine Betäubung ist mit erheblichem körperlichem Stress verbunden. Deswegen kann es einfacher sein, ein verletztes Körperteil direkt zu behandeln, zumal das Schmerzempfinden bei Amphibien wesentlich geringer ist als bei Säugetieren. Abschließend ist zu sagen, dass weit wichtiger als die Kenntnis der richtigen Behandlungsmethoden die Vermeidung von Erkrankungen durch die Einhaltung möglichst optimierter Haltungsbedingungen ist. Adressen von Veterinären, die auch Amphibien behandeln, finden sich im Internet z. B. auf der schon erwähnten Seite „axoltl-online.de" (Frank Ambrock) oder „molche.net" (Tristan Scholz).

Abgebissene Gliedmaßen wachsen normalerweise wieder nach. Infizierte Bisswunden müssen aber behandelt werden. Foto: M. Schmidt

Zur Biologie

Systematische Zuordnung und Familienmerkmale

Als Querzahnmolche (Familie Ambystomatidae) zählen Mexikanische Axolotl innerhalb des Unterstammes der Wirbeltiere (Vertebrata) zur Klasse der Amphibien. Diese setzt sich aus drei Ordnungen zusammen: die Blindwühlen (Gymnophionen), die Froschlurche (Anura) und die Schwanzlurche (Urodela = Caudata), zu denen eben auch *Ambystoma mexicanum* und seine Verwandten gehören. Die Ordnung selbst kann in Höhere und Niedere Urodelen getrennt werden, wobei einige Autoren die Ambystomatiden zu den Höheren Urodelen rechnen (FREYTAG 1970, 1991).

Die Familie Ambystomatidae ist unter anderem durch verschiedene Schädelmerkmale charakterisiert. Die Prämaxillaria (mediane knöcherne Anteile des Oberkiefers) sind paarig vorhanden, das Pterygoid (Teil des knö-

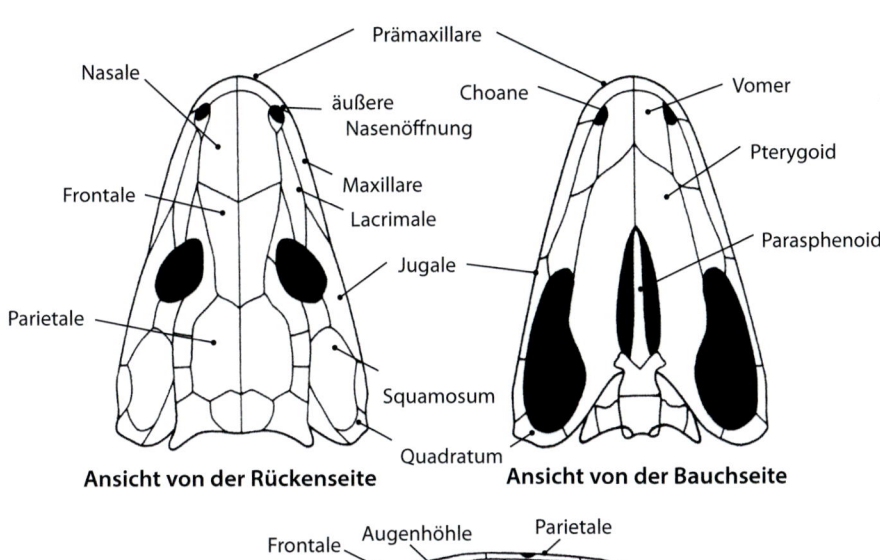

Schematische Darstellung eines Tetrapodenschädels

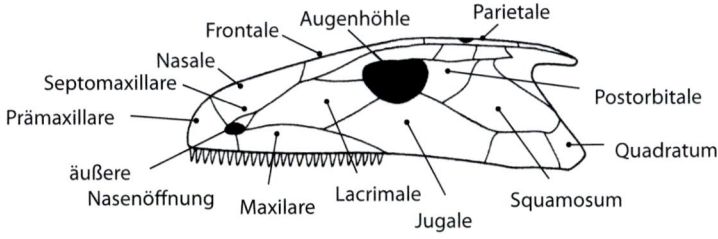

verändert nach REMANE, STORCH & WELSCH (1998)

Biologie

Zur Familie der Querzahnmolche gehört auch *Dicamptodon tenebrosus*. Foto: H. Wallays

chernen Gaumens) ist ebenfalls ausgebildet, die Tränenbeine (Os lacrimale) fehlen jedoch. Die Wirbelknochen sind amphicoel, d. h. vorn und hinten halbrund ausgehöhlt. Nur die vordersten drei Spinalnervenpaare treten nicht intravertebral aus dem Knochen aus. Der einfache Chromosomensatz beinhaltet 14 Chromosomen, die diploiden Zellkerne tragen also 28 Chromosomen (DUELLMAN & TRUEB 1985).

Die englische Bezeichnung „mole salamander" (Maulwurfsmolche) rührt daher, dass sich viele Vertreter der Familie gern im schlammigen Untergrund vergraben bzw. ihr Leben außerhalb der Laichzeiten am oder im Boden versteckt verbringen (FREYTAG 1970). Der deutsche Name „Querzahnmolche" dagegen bezieht sich auf die Anordnung der Gaumenbezahnung nach der Metamorphose – ähnlich wie bei den „Längszahnmolchen" (Familie Salamandridae) und den „Winkelzahnmolchen" (Familie Hynobiidae).

Larval existieren im Munddach der Ambystomatiden auf jeder Seite zwei hintereinander liegende Zahnfelder, das des Vomerknochens und das des (Pterygo)-Palatinum (s. Abb. auf Seite 50). Beide sind mit mehrreihigen Zahnfeldern ausgestattet und liegen als ovale Formationen mit ihrer Hauptlängsachse etwa in einem 45°-Winkel zur Körperlängsachse (Vomer) bzw. fast parallel zu ihr (Palatinum). Die Zähne sind in ihrem Aussehen völlig larval und haben nur eine Spitze (monocuspider Zahntyp). Im Verlauf der Metamorphose werden diese Zahnfelder um- und abgebaut, so dass eine einzelne Zahnreihe entsteht, die quer zur Körperlängsachse des Tieres im Munddach liegt. Sie trägt densel-

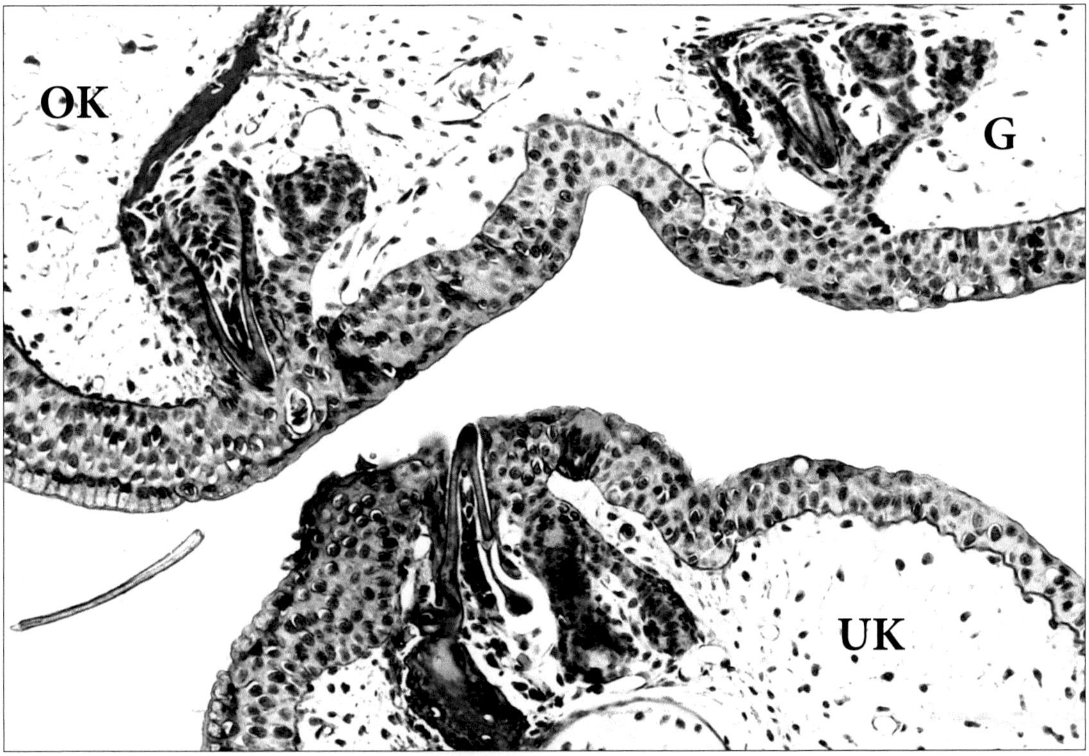

Biologie

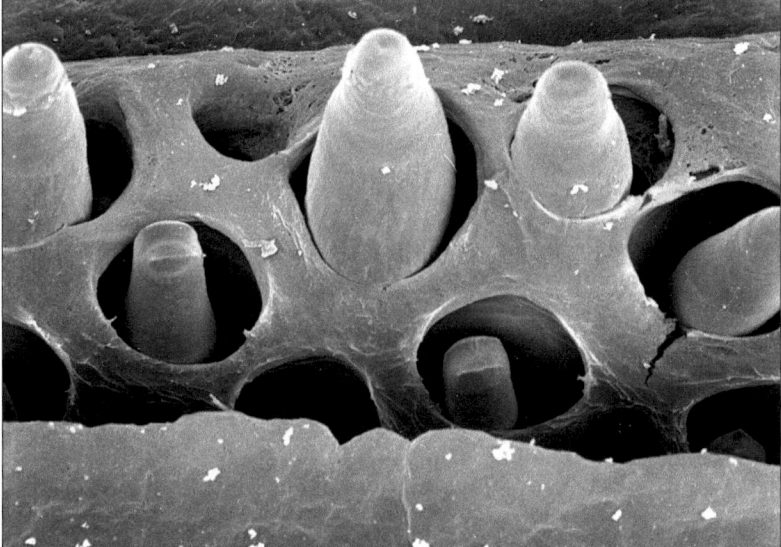

Oben: Histologischer Schnitt durch den vorderen Schädelanteil einer Larve. Zu erkennen sind die verschiedenen Zahnsysteme im Oberkiefer (OK), Gaumen (G) und Unterkiefer (UK), deren Zähne permanent neu gebildet werden, wie an den verschiedenen Stadien des Zahnersatzes deutlich wird.
Foto: J. Wistuba

Rechts: Oberkiefer eines in der Teilmetamorphose befindlichen Tieres. Erkennbar sind die vorderen noch funktionellen Zähne, die nur eine Spitze tragen. Die dahinter stehenden Ersatzzähne haben dagegen bereits zwei Spitzen. Foto: J. Wistuba

Biologie

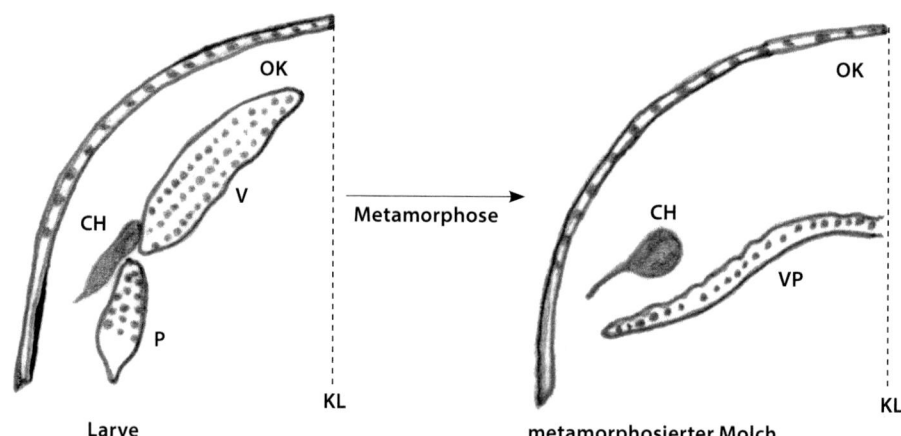

Ansicht des Munddaches eines Ambystomatidenvertreters vor und nach der Metamorphose. Dargestellt ist die jeweils rechte Seite des Gaumens. Vor der Metamorphose sind Vomer (Pflugscharbein) und Palatinum (Gaumenbein) mehrreihig bezahnt und liegen in Richtung der Körperlängsachse (KL). Nach der Metamorphose sind vomerale und palatinale Knochenanteile zu einem einreihig bezahnten Gaumenknochen verwachsen, der aus zwei getrennten Zahnleisten mit nunmehr metamorphosierten zweispitzigen Zähnen versorgt wird. Der Knochen liegt quer zur Körperlängsachse, und seine Anordnung ist für die Ambystomatiden namengebend. Es bedeuten: V = Vomer, CH = Choane (innere Nasenöffnung), OK = Oberkiefer, P = Palatinum, VP = Vomeropalatinum. (verändert nach CLEMEN 1979)

ben zweispitzigen (bicuspiden) Zahntyp wie der Oberkiefer.

Die Gesamtlängen der Mitglieder der Familie variieren zwischen etwa 8 cm bei *Ambystoma laterale* oder *A. mabeei* (BEHLER & KING 1998) und etwa 35 cm bei *A. tigrinum* (DUELLMAN & TRUEB 1985).

Die Ambystomatiden haben einen relativ gedrungenen Körperbau. Der Kopf ist kurz und wirkt breit, die Augen sind larval winzig und nach der Metamorphose im Vergleich zum Kopf klein. Die Rippenfurchen erscheinen sehr ausgeprägt; die Gliedmaßen kräftig. Der Schwanz ist fast immer seitlich abgeflacht (FREYTAG 1970). Die Larven zeigen einen noch stärker verbreiterten Schädel, einen Flossensaum, vier Paar Kiemenschlitze und drei Paar große Kiemenäste, die von den Kiemenspangen gehalten werden, mit denen sie in der Mundregion am Schädel befestigt sind. Viele Arten haben Larven, die anfänglich so genannte „Balancer" tragen, kopfnahe Ausbildungen der Haut, die vor der Entwicklung der Extremitäten die am Boden ruhenden Jungtiere seitlich stabilisieren (DUELLMAN & TRUEB 1985). Solche Bildungen fehlen den frisch geschlüpften Axolotllarven allerdings.

Ambystomatiden zeigen dasselbe Muster in der Spinalnervatur wie die Vertreter der Plethodontiden (Lungenlose Salamander) (DUELLMAN & TRUEB 1985), die allgemein als höchst evolvierte Urodelengruppe gelten. Daneben zeigen sie jedoch auch viele Merkmale, die von eher ursprünglichem Charakter sind, wie zum Beispiel Lage und Anordnung der Gaumen-

Zwei weitere Vertreter der Gattung *Ambystoma* aus der Familie der Querzahnmolche
Oben: *Ambystoma gracile*
Unten: *Ambystoma maculatum*, Männchen
Fotos: H. Wallays

Biologie

Biologie

Ambystoma tigrinum ist wohl der nächste Verwandte von *A. mexicanum*. Foto: H. Wallays

zahnleisten nach der Metamorphose (CLEMEN 1979). Bezogen auf ihren Knochenbau und ihr Fortpflanzungsverhalten liegen keine auffälligen familientypischen Merkmale vor. Die exakte Einordnung ihres Evolutionsgrades und der phylogenetischen Abstammung der Querzahnmolche ist daher unsicher. Dies könnte unter anderem auch damit zusammenhängen, dass die Radiation der Gattung ein erdgeschichtlich vergleichsweise kurze Zeit zurückliegendes Ereignis darstellt, das erst etwa vor 10–12 Millionen Jahren stattfand (SHAFFER 1984; BRANDON 1989), wie phylogenetische Befunde zur genetischen Distanz innerhalb der Familie der Ambystomatiden ergeben haben. Fossil sind die Familie und die Gattung *Ambystoma* seit dem Eozän (etwa 55–40 Millionen Jahre vor Beginn der Zeitrechnung) in Nordamerika nachgewiesen (WAKE 1997).

Ambystoma mexicanum wird heute zumeist in einen systematischen Komplex gestellt, der insgesamt 17 Arten umfasst und als „*Ambystoma-tigrinum-mexicanum-dumerili-Rhyacosiredon*-Komplex" bezeichnet wird (SHAFFER 1984; BRANDON 1989). Neben einigen gemeinsamen Merkmalen des Knochenbaus (TIHEN 1958) fehlen den frisch geschlüpften Larven dieser Arten „Balancer" (s. o.), alle Arten sind zumindest fakultativ neoten (s. u.), die Larven sind vor der Metamorphose sehr groß, ebenso die auch recht schwergewichtigen adulten Tiere. Darüber hinaus besteht zwischen diesen Arten eine erhöhte Möglichkeit der Hybridisierung. Speziell *A. mexicanum* steht dabei in enger Beziehung – also in geringer genetischer Distanz – zu Teilen der *A.-tigrinum*-Populationen.

Insgesamt lässt sich sagen, dass die zum Teil sehr unübersichtlichen systematischen Zusammenhänge in der Gattung *Ambystoma* wohl in der Tatsache begründet sind, dass gegenwärtig ein evolutiver Zustand der Entstehung von neuen Arten beobachtet wird, deren eigentliche Merkmalscharakteristika wohl noch in der Ausprägung begriffen sind.

Es ergibt sich für den Axolotl etwa folgende systematische Stellung innerhalb der Ordnung der Urodelen (= Caudata):

Systematische Stellung von *Ambystoma mexicanum* (vgl. FREYTAG 1970)

Ordnung: **Urodela/Schwanzlurche**

Unterordnungen: Niedere Schwanzlurche: **Cryptobranchoidea**

Familien: Hynobiidae — Winkelzahnmolche*
Cryptobranchidae — Riesensalamander

Sirenoidea — Höhere Schwanzlurche
Armmolche
Sirenidae

Salamandroidea
Salamanderverwandte

Proteidae: Olme, z. B. *Proteus*, *Necturus*
Pletodontidae: Lungenlose Salamander, z. B. *Oedipina*, *Nototriton*, *Bolitoglossa*
Salamandridae: Echte Salamander, Längszahnmolche*, z. B. *Salamandra*, *Triturus*

Amphiumidae: Aalmolche, z. B. *Amphiuma*

Ambystomatidae/Querzahnmolche*

Unterfamilien:

Dicamptodontinae: Riesenquerzahnmolche, z. B. *Dicamptodon*

Rhyacotritoninae: Olymp-Querzahnmolche, z. B. *Rhyacotriton*

Ambystomatinae

Gattung: *Ambystoma*, insgesamt 13 Arten, *Ambystoma tigrinum* mit 4 Unterarten

Art: ***Ambystoma mexicanum***
Mexikanischer Axolotl

Die mit* gekennzeichneten deutschen Bezeichnungen der Urodelengruppen leiten sich aus den Bezahnungsmustern der zahntragenden Gaumenknochen der Molche nach der Metamorphose ab.

Ambystoma mexicanum
Mexikanischer Axolotl
Foto: M. Schmidt

Biologie

Vorkommen

Das Verbreitungsgebiet von Urodelen liegt fast ausschließlich in der Nordhemisphäre. Nur auf dem amerikanischen Kontinent kommen in wenigen Ausnahmen auch südlich des Äquators Vertreter aus der Familie der Plethodontidae vor, wie z. B. die Gattungen *Nototriton*, *Oedipina* oder *Bolitoglossa* (z. B. EHMCKE 1998).

Einige Arten aus diesen Gattungen (etwa *Bolitoglossa adspersa*) haben sich entlang den Anden oder im Amazonasstromtal bis nach Kolumbien und weiter auf die Südhalbkugel ausgebreitet (EHMCKE, mdl. Mittlg.).

Ambystomatiden sind ausschließlich in den gemäßigten Zonen Nordamerikas und auf dem nördlichen Teil der mittelamerikanischen Landbrücke verbreitet. Sie leben in

Gebieten vom Südostzipfel Alaskas bzw. der Südgrenze Kanadas bis an die südliche Grenze des mexikanischen Hochplateaus (TIHEN 1958; GEHLBACH 1967; FROST 1985; DUELLMAN & TRUEB 1985). Nur wenige Arten der Familie zeigen dabei umfangreiche Verbreitungsgebiete (z. B. *Ambystoma tigrinum*, *A. opacum* oder *A. maculatum*), die meisten Vertreter der Ambystomatiden besiedeln relativ kleine Regionen (CONANT 1975; STEBBINS 1985; BRANDON 1989), was insbesondere für die mexikanischen Spezies zutrifft (SMITH & TAYLOR 1948; SHAFFER 1984; BRANDON 1989).

Axolotl als endemische Art sind wild lebend – wenn überhaupt noch, der Nachweisstatus ist derzeit nicht völlig geklärt (s. o.) – ausschließlich noch im südöstlich unweit von Mexico City auf vergleichbarer Höhe über dem Meer gelegenen Xochimilco-See zu finden (FREYTAG 1970; ZUCCHI & GONSCHOREK 1983).

Das ursprüngliche Seensystem dieser Hochebene ist zwischenzeitlich durch anthropogene Einflüsse in seiner Ausdehnung stark reduziert. Lediglich ein Gebiet von etwa 35 Quadratkilometern ist noch dem unmittelbaren Einzugsgebiet des auch durch Quellen gespeisten, reines Süßwasser enthaltenden Sees zuzuordnen (BRANDON 1989; ZUCCHI & GONSCHOREK 1983); der Rest der ehemals umliegenden Gewässer ist bereits trockengefallen und gleicht nach der beginnenden Verkarstung zunehmend der semiariden Umgebung.

Auch der Xochimilco-See schrumpft. Zum einen wird das Gebiet von der sich rasant ausdehnenden Kapitale Mexikos vereinnahmt (BRANDON 1989), zum anderen trägt die Zergliederung der eigentlichen Seefläche durch die Anlage künstlicher Inseln durch die einheimische Bevölkerung zur Störung des ursprünglichen Biotops bei (ZUCCHI & GONSCHOREK 1983). Der Xochimilco-See ist ein Rudiment eines großen Sees, der sich im späten Pleistozän bildete, als tektonische Aktivität die Entwässerung des Hochtals in südlicher Richtung verhinderte (SANDERS et al. 1979), und der noch von den Azteken als „Mond-

Das Hochland von Mexiko gehört zu den am dichtesten besiedelten Regionen der Welt. Die Laguna Chapala östlich von Mexico City ist einer der bis heute erhaltenen Seen; so muss auch der auf gleicher Höhe in geringer Entfernung liegende Texcoco-See, die Heimat des Axolotl, früher ausgesehen haben. Foto: H. Werning

Biologie

Heute leben Axolotl nur noch im Xochimilco-See im Südosten von Mexico City. Dieser See ist von intensiver Landwirtschaft (Blumenanbau) geprägt und stark verschmutzt. Früher dienten „schwimmende Inseln", die Chinampas, als Anbaufläche (s. unten). Durch das Absinken des Wasserspiegels sind diese Inseln inzwischen fest verwachsen und haben den Xochimilco-See weitgehend verlanden lassen. Das so entstandene Kanalsystem dient als beliebtes Ausflugsziel, auf dem jederzeit Dutzende sog. Trajínes Touristen umherfahren.

Foto: H. Werning

see" bezeichnet wurde (BRANDON 1989). Er besteht heute aus einer Vielzahl von sumpfigen Bereichen und Kanälen, die 20 Meter Breite nicht überschreiten und Tiefen von einem bis zu zehn Metern aufweisen (ZUCCHI & GONSCHOREK 1983).

Diese stellen gegenwärtig das natürliche Habitat von *Ambystoma mexicanum* dar. Der extrem störende Einfluss der sich seit Jahrhunderten durch anthropogene Einflüsse ändernden Umgebungsbedingungen hat die meisten ursprünglichen Habitate derart beeinträchtigt, dass bereits viele Arten verschwunden und andere vom Aussterben bedroht sind (GONZALES et al. 1986). Ob außerhalb des Xochimilco-Sees noch verstreute und notwendigerweise isolierte Populationen von *A. mexicanum* auf dem mexikanischen Hochplateau existieren, ist nicht bekannt (BRANDON 1989), aber eher unwahrscheinlich.

Neben den strukturellen Veränderungen haben in der Vergangenheit auch Verfälschungen der natürlichen Fauna und Flora stattgefunden. In das im Sommer durch Schwimmpflanzen stark verdunkelte Gewässer wurden Ka-

rauschen und Goldfische eingesetzt, die sich dort inzwischen neben den wenigen einheimischen Fischarten etabliert haben (ZUCCHI & GONSCHOREK 1983). An niederen Tieren sind dort Insektenlarven und verschiedene Kleinkrebse verbreitet (insbesondere Gammariden, also Bachflohkrebse; LAFRENTZ 1930), die wohl das natürliche Nahrungsspektrum der Molche repräsentieren dürften.

Biologie

Morphologie und Färbungen

Die Bezeichnung Axolotl wird in der Literatur häufig etwas missverständlich gebraucht, z. B. für Larven oder neotene Formen anderer Ambystomatidenarten. Als der Mexikanische Axolotl ist jedoch ausschließlich *Ambystoma mexicanum* zu verstehen. Auch etwaige Hybridformen sind keine echten Axolotl im engeren Sinne (s. u.).

Ambystoma mexicanum kommt in verschiedenen Farbvarianten vor, von denen wohl nur eine im Freiland existiert. Diese Tiere werden hier als Wildtypen oder wildfarben bezeichnet. Der Mexikanische Axolotl ist ein typischer Vertreter seiner Gattung. Die Larven und die neotenen geschlechtsreifen Tiere wirken vom Körperbau her gedrungen, zeigen breite, relativ stumpf erscheinende Köpfe, kräftige Extremitäten und deutlich ausgeprägte Rippenfurchen. An der Hinterseite des Kopfes tragen sie jederseits drei kräftige Kiemenäste, die an der Spitze gegabelt sein können.

Hinsichtlich der Anzahl der Kiemenäste sind offenbar Abweichungen möglich, mir wurde von

Der Kopf der Axolotl ist stumpf und breit. Auf jeder Seite des Hinterkopfes befinden sich drei Kiemenäste (rechts). Fotos: M. Schmidt

Biologie

Bei diesem Tier sind abweichend vom Grundbauplan vier Kiemenäste ausgebildet. Die Aufnahmen zeigen, dass die Kiemen tatsächlich unabhängig voneinander und nicht etwa durch Verbiss und fehlerhafte Regeneration entstanden sind.
Fotos: J. Pfeiffer

einem Tier berichtet, das beidseitig jeweils vier einzelne, klar voneinander getrennte Kiemenäste trägt, ansonsten aber vollkommen normal aussieht und sich auch so benimmt. Da der Molch dieses Merkmal seit seinem Schlupf zeigt, dürfte die Veränderung genetisch begründet sein; ob sie sich in der Zucht weitervererbt, konnte leider nicht geklärt werden.

Der kräftige Ruderschwanz ist seitlich abgeplattet und mit einem deutlichen Hautsaum versehen. Die im Vergleich zum Kopf kleinen, gelb irisierenden Augen liegen oben seitlich am Oberschädel, das Maul ist sehr breit und leicht unterständig. Künstlich zur Metamorphose gebrachte Tiere haben Ähnlichkeit mit metamorphosierten

Biologie

Der seitlich abgeplattete Ruderschwanz ist mit einem großen Hautsaum versehen.
Foto: M. Schmidt

A. tigrinum, doch bleiben sie kleiner, sind insgesamt dunkler und zeigen ein unregelmäßiges Muster heller Flecken.

Das breite Maul ist leicht unterständig.

Wie für fast alle Amphibien typisch, bilden auch Axolotl drei Typen von Pigmentzellen (= Chromatophoren) aus: Melanophoren, Xanthophoren und Iridiophoren. Die Letzteren bilden rötliche oder gelbliche Pigmente, die embryonal zuerst etablierten Melanophoren tragen den schwarzbraunen Farbstoff Melanin (FROST 1989) und liegen üblicherweise mit wenigen Ausnahmen (u. a. *A. macrodactylum*; OLIPHANT 1973) auch in der Epidermis. Dagegen kommen die anderen Pigmentzelltypen nur in den darunter liegenden Hautschichten vor (PEDERZOLI & RESTANI 1998).

Die Veränderungen der Pigmentierung von Amphibien im Verlauf der Metamorphose sind für gewöhnlich erheblich (SMITH-GILL & CARVER 1981; FROST 1989). Da Axolotl neotene Querzahnmolche sind, ist diese Veränderung der Körperfärbung allerdings nur im Experiment

Foto: M. Schmidt

erkennbar (s. o.). Die Pigmentierungsmuster unterliegen jedoch auch bei den nicht metamorphosierenden Tieren in Abhängigkeit von Größe und Alter Variationen, die grundsätzlich denen metamorphosierender Molche entsprechen, aber wesentlich weniger dramatisch verlaufen (FROST 1989). Der beobachtete Effekt lässt sich als ein mit der Adultation verbundenes „Dunklerwerden" der Axolotl beschreiben.

Der aquatische Wildtyp ist von schwarzgrauer Grundfärbung, die auf dem Rücken am dunkelsten erscheint und zum Bauch hin aufhellt. Insbesondere im Bereich des Schwanzes treten unregelmäßige hellere Flecken auf, die individuell zu variieren scheinen. Unklar ist, ob im natürlichen Lebensraum hiervon deutlich abweichende Varianten auftreten. Anders gefärbte Tiere existieren aber in Gefangenschaft. Das Auftreten von Farbschlägen ist ein typischer Domestikationseffekt, der auch von anderen Labor- und Haustieren bekannt ist. Erstaunlich ist jedoch, dass bereits die erste Fangexpedition weiße Tiere mitbrachte. Dies deutet an, dass wohl auch in natürlicher Umgebung keine allzu starke Auslese durch Fressfeinde vorgelegen haben mag.

In Aquarien ist die Aberration, die zum teilweisen oder vollständigen Ausfall der Bildung von Melanin – also dem dunklen Pigment – führt, recht häufig (Albinismus). Auffällig gefärbte Tiere unterliegen in der Natur einem hohen Prädationsdruck, einem Selektionsmechanismus, der unter Aquarienbedingungen nicht greift. Weiße Axolotl – als Aquarientiere recht verbreitet – sind keine echten Vollalbinos, da sie in wenigen Körperregionen Melanin bilden können. Echter Albinismus ist für *A. mexicanum* bisher nicht bekannt (HUMPHREY 1967), denn dunkle Färbungen treten in den Augen, an

Wildtyp des Axolotls Foto: H. Wallays

Biologie

Bei diesem Teilalbino sind schwarze Pigmente fast nur noch am Auge zu erkennen. Foto: H. Wallays

der oberen Kopfseite, den Beinen und den Kiemen auf. Korrekterweise sind die Tiere also bestenfalls als teilalbinotisch (leuzistisch) anzusprechen (vgl. REHBERG 1990). Der teilweise Ausfall dunkler Pigmente ist genetisch bedingt (HUMPHREY 1967; FROST 1989).

Seltener sind die zwar relativ wildtypähnlichen, aber hellbraun gefärbten *A. mexica-*

Im direkten Vergleich wird deutlich, warum die weiße Form des Axolotls eben kein Albino ist. Während dem „Humphrey-Hybriden" hinten im Bild alle dunklen Pigmente fehlen (Goldalbino), hat der Weißling im Vordergrund dunkle Augen und oberhalb der Kiemenäste kleine dunkle Pigmentinseln in der Haut. Foto: F. Ambrock

Biologie

Dunkelbrauner Axolotl Foto: H. Wallays

Die braune Farbform ist relativ selten. Foto: A. Opolka

num. Ihre Grundfarbe variiert in verschiedenen Brauntönen vom ebenfalls dunkleren Rücken zur helleren Bauchseite. Sie sind über die gesamte Körperoberfläche mit dunklen bis schwarzen Flecken gesprenkelt (WISTUBA 1996). Ob es sich bei diesen Tieren um eine Variante des Wildtyps handelt oder um eine durch die Generationen dauernde Zucht in Gefangenschaft entstandene Farbmutation, ist unbekannt. FROST (1989) beschreibt, dass auch Wildtypen farblich deutlich variieren können.

Keine echten Axolotl im Sinn der oben getroffenen Definition sind Molche des vierten Farbschlags, die „gelben" vollalbinotischen Tiere. Hierbei handelt es sich um künstlich erzeugte Hybriden zwischen Mexikanischen Axolotln und Tigersalamandern, die korrekt als *Ambystoma-tigrinum-mexicanum* anzusprechen sind (siehe hierzu auch das Kapitel „Axolotl als Gegenstand der Forschung").

Über eine größere Empfindlichkeit dieses Farbschlags und hohe Nachzuchtausfälle schreibt auch REHBERG (1990), die Molche neigen zu Missbildungen und zeigen äußerlich nicht erkennbare innere Defekte, die zum Tod in der frühen Entwicklungsphase führen. Es ist darüber hinaus zu beobachten, dass frisch geschlüpfte Albinos kleineres Futter brauchen und temperaturempfindlicher sind. Werden Albinos mit wildfarbenen Axolotln gekreuzt, so erhält man eine erste Folgegeneration, die phänotypisch dem Wildtyp entspricht. Bei Rückkreuzung dieser F_1-Generation mit dem Albino-Elternteil ergibt sich dagegen eine Verteilung von 25 % Albinos, 50 % Mischlingen und 25 % Wildtypen. Das Merkmal des Albinismus vererbt sich also den Mendelschen Gesetzen entsprechend.

Die „Humphrey-Form" ist streng genommen kein „echter" Axolotl, sondern eine Hybride zwischen A. mexicanum und A. tigrinum. Foto: J. Wistuba

Biologie

Eine seltene Farbform: teilalbinotischer Axolotl mit starkem Schwarzanteil am Kopf. Allerdings ist auch dieses Tier missgebildet. Solche „blinden" Axolotl können sich nicht mehr fortpflanzen.

Foto: H. Wallays

Die erwachsenen *Ambystoma-tigrinum-mexicanum*-Hybriden, die auch als „Humphrey-Hybrid"-Axolotl bezeichnet werden (REHBERG 1990), sind völlig frei von Melanin. Sie differenzieren nur Xantho- und Iridophoren, was zu einer gelblich weißen Grundfärbung mit kräftig gelblich gefärbten Bereichen führt. Ihr Verhalten und ihre Ansprüche weichen im Wesentlichen nicht von denen der Wildtypen ab.

Neben den hier beschriebenen Farbvariationen existieren weitere experimentell in Labors erzeugte Formen. Diese – ausschließlich im Zusammenhang mit der Forschung stehenden – Tiere zeigen aberrante Färbungen, z. B. in Abhängigkeit von verabreichten Futterkomponenten (FROST 1989). Sie sind jedoch so wenig verbreitet, dass hier nicht näher darauf einzugehen ist.

„Golden Axolotl" – „Humphrey-Form" mit ausgeprägten Gelbanteilen

Foto: H. Wallays

Neotenie kommt in Ausnahmefällen auch bei einheimischen Molchpopulationen vor (vgl. Tiedemann & Häupl 1979), hier das Beispiel einer mehrjährigen Larve von *Lissotriton vulgaris* (Teichmolch). Verglichen mit einer normalen Larve sind die Kiemenäste deutlich reduziert; das Tier ist etwa 10 cm lang, seine Größe entspricht also der eines erwachsenen Teichmolchs. Dennoch lebt dieses Tier seit Jahren permanent aquatisch.   Foto: U. Göbel

Neotenie und Metamorphose

Kollmann (1885) prägte die Verwendung des Begriffes Neotenie im Zusammenhang mit einer von ihm untersuchten Entwicklungsverzögerung an Kaulquappen (Hartwig & Rotmann 1940). Bereits die ersten Autoren unterscheiden zwischen einer vollständigen und einer unvollständigen Form der neotenen Entwicklung, wobei das Erreichen der Geschlechtsreife in larvaler Gestalt für diese Kategorisierung ausschlaggebend war.

Als total neotene Arten galten zunächst nur diejenigen, die sich als Larven fortpflanzen konnten, wobei bestimmte Verfasser (Schreiber 1933) dieses als Artmerkmal forderten (Hartwig & Rotmann 1940), und diese Form der Neotenie sogar als ausschließlich auf *Ambystoma mexicanum* beschränkt angesehen wurde (vgl. Schreiber 1933).

Die umfassendste heute als gültig angesehene und seit langem gebräuchliche Definition des Begriffs der Neotenie im Bereich der Wirbeltiere sieht Tiere dann als neoten an, wenn diese in der Lage sind oder in der Lage zu sein scheinen, sich zu reproduzieren, während sie noch larvale Merkmale zeigen (Just et al. 1981). Diese Definition fasst unter dem Ausdruck Neotenie auch die Begriffe Pädogenese, Pädomorphose und Progenese* zusammen.

Fioroni (1987) beschreibt das Phänomen der Neotenie als einen Ausnahmefall bzw. als besonderes Fertilitätsverhalten, bei dem die Geschlechtsreife bereits im Zustand der Larve eintritt. Er erwähnt jedoch, dass gerade in der

Gruppe der Schwanzlurche hierfür zahlreiche Beispiele existieren. Folgt man der Definition GOULDS (1977), so ist die Neotenie bei Schwanzlurchen das Ergebnis einer verzögerten körperlichen (somatischen) Entwicklung bei gleichzeitiger, mit normaler Geschwindigkeit verlaufender Entwicklung der reproduktiven (fortpflanzenden) Systeme, und nicht das deren beschleunigter Reife.

Frühere Autoren beschrieben neotene Arten häufig als Larven von noch unbekannten Landformen, da zu diesem Zeitpunkt die Fähigkeit zur Fortpflanzung im larvalen Zustand noch nicht erkannt war. Auch *A. mexicanum* wurde so zunächst als Larve eines noch unbeschriebenen terrestrischen Salamanders dargestellt (CUVIER 1828).

Zur Mitte des 19. Jahrhunderts wurde bekannt, dass viele Urodelen Geschlechtsreife erlangen können, auch wenn ihre äußere Gestalt weitgehend larval bleibt (DUELLMAN & TRUEB 1985). Diese Beobachtung blieb zunächst unerklärt. Erst mit dem Beginn von Forschungen im Bereich der experimentellen Endokrinologie, die den Zusammenhang zwischen Schilddrüsenhormonen und der Amphibienmetamorphose zeigten (GUDERNATSCH 1912; an *Rana temporaria*), wurden auch die damit zusammenhängenden Neotenie-Erscheinungen erklärbar. So schlug schon KUHN 1925 als Ursache für fehlende oder unvollständige Metamorphose bei Amphibien vor: „Erstens die Schilddrüse produziert nicht genügend bzw. qualitativ verändertes Hormon, oder das normal hervorgebrachte Hormon wird nicht in die Blutbahn abgeleitet, oder endlich die Organe, welche den Umbau erfahren sollen, sprechen auf das Hormon nicht an."

In dieser Aussage sind bereits wesentliche Mechanismen der mit der Neotenie zusammenhängenden biologischen Prozesse treffend formuliert, wobei erst spätere Untersuchungen zeigten, dass die auslösenden Defekte die Hypophysen-Schilddrüsen-Achse betreffen, also nicht notwendigerweise eine reine Funktionsstörung bezüglich der thyroidealen Hormone vorliegt.

Heute werden drei Neoteniegrade unterschieden, die obligatorische, die fakultative und eine als induzierbar-obligatorische (NORRIS 1985) Neotenie bezeichnete Zwischenform (KÜHN & JACOBS 1989).

Obligatorisch neotene Arten kommen überhaupt nicht mehr zur Umwandlung. Sie sind gegen das die Metamorphose auslösende Hormon Thyroxin und seine Derivate – auch in hoher Dosierung – unempfindlich, obwohl sie die entsprechenden Drüsenprodukte endogen erzeugen. Tiere wie *Proteus anguinus* oder Arten der Gattung *Necturus* sind in ihrer Befähigung zur Metamorphose also nicht auf hormoneller Ebene blockiert, sondern haben nicht sensitive Erfolgsorgane, das heißt, diese nehmen den Hormonreiz als solchen aufgrund von Funktionsstörungen der Hormonrezeptoren nicht mehr wahr.

Molche, die fakultativ neoten sind, können grundsätzlich zur Metamorphose kommen. Diese Arten – wie etwa *Ambystoma tigrinum* – bilden Populationen, die neotene und nicht neotene Tiere umfassen können, zum Teil sogar innerhalb desselben Biotops. Die Metamorphose kann dabei als unmittelbare Reaktion auf Umweltbedingungen bzw. deren Änderung auftreten (KÜHN & JACOBS 1989).

Als Übergangsform dazwischen werden Tiere wie *Eurycea tynerensis* oder *E. neotenes* (KEZER 1952), *Gyrinophilus palleucus* (DENT et al. 1955), *Typhlomolge rathbuni* (DUNDEE 1957) oder eben *A. mexicanum* als induzierbar-obligatorisch Neotene bezeichnet (KÜHN & JACOBS 1989, vgl. auch PRALHAD & DELANNEY 1965). Solche Schwanzlurche kommen in natürlicher Umgebung zeitlebens nie zur Metamorphose, haben aber die Sensitivität für die Schilddrüsenhormone nicht grundsätzlich verloren. Unter experi-

---

Begriffserklärung nach FIORONI (1987):
Pädogenese: Parthenogenetische Fortpflanzung von Larven und Puppen.
Pädomorphose: Wegfall von Entwicklungsstadien zur Entwicklungsverkürzung.
Progenese: Erlangung der Sexualreife vor Beendigung des Wachstums.

Biologie

Ambystoma tigrinum bildet Populationen, die neotene und nicht neotene Tiere umfassen können.
Foto: H. Wallays

mentellen Bedingungen lassen sie sich künstlich im Labor zur Metamorphose bringen. Bei diesen Arten ist die Umwandlungsfähigkeit im endokrinologischen Zusammenhang blockiert. Im Fall von *A. mexicanum* betrifft der Defekt die Hypophysen-Schilddrüsenachse. Das bedeutet, die Erfolgsorgane sind sensitiv, der Hormonreiz bleibt aber im Verlauf der normalen Ontogenese unterhalb eines bestimmten Schwellenwertes, der für die Auslösung der Umwandlung nötig ist.

Um die Erscheinung der Neotenie richtig zu verstehen, ist es notwendig, sich zunächst mit dem Begriff der Metamorphose auseinanderzusetzen, mit der die Neotenie unmittelbar zusammenhängt. Diese für Amphibien typische Umwandlung, die mit dem namengebenden Wechsel des Lebensraumes einhergeht – aus den aquatischen, über Kiemen und Haut atmenden Larven werden lungenatmende, terrestrische Adulttiere –, wiederholt Generation für Generation einen grundlegenden Evolutionsschritt der Entstehung der Landwirbeltiere und mag als Beleg für die biogenetische Grundregel Häckels angesehen werden, die besagt, dass die „tierliche" Ontogenie (= Individualentwicklung) Teile der phylogenetischen Entwicklung (Stammesgeschichte) wiederholt.

Anders als bei der Metamorphose vieler Insekten fehlt bei der Umwandlung der Amphibien ein Ruhestadium, das etwa dem der Schmetterlingspuppe vergleichbar wäre. Vielmehr ist die Metamorphose dieser Wirbeltiere primär ein fortlaufendes Entwicklungsereignis, das mit dem Landgang abschließt. Lurchlarven sind zwar aufgrund der Umstrukturierung ihrer Organsysteme gezwungen, zumindest in der Klimax-

Biologie

Die in den Bergen vorkommenden Populationen des an der Nordostküste der USA heimischen Querzahnmolches *Ambystoma gracile* sind oftmals neoten (links), während Tiere aus anderen Populationen eine normale Metamorphose zum Salamander durchlaufen (rechts). Fotos: H. Wallays

Phase des Umwandlungsgeschehens die Nahrungsaufnahme weitgehend einzustellen, echte metabolische Pausen finden während der Metamorphose jedoch nicht statt. Eine exakte allgemeine Begriffsdefinition existiert trotz jahrzehntelanger Forschung bisher nicht.

Gut brauchbar sind die von JUST et al. (1981) aufgestellten Kriterien zur Feststellung von Metamorphose, nach denen solche Tiere über ein definierbares Larvenstadium verfügen müssen, das klar von dem des Embryos und dem des geschlechtsreifen Tieres abgrenzbar ist. Die Umwandlung muss zwischen Schlupf und Geschlechtsreife stattfinden und Strukturen umfassen, die nicht mit der Fortpflanzung im Zusammenhang stehen. Prozesse, die mit der sexuellen Reifung, der Alterung oder der Embryonalentwicklung verbunden sind, müssen vom Metamorphosegeschehen trennbar sein.

Anlass zur Metamorphose können Änderungen der Umgebungsbedingungen sein (externe Faktoren) oder endogene Ursachen wie Veränderungen des Hormonstatus (interne Faktoren), wobei Letzteres der Beeinflussung durch Erstgenanntes unterliegen kann. Die Larvengestalt muss die Larve darüber hinaus befähigen, andere Lebensräume und andere Ressourcen zu nutzen als die erwachsenen Tiere. Diese „doppelte" ökologische Einnischung kann als eine Art Absicherung im Zusammenhang mit der Arterhaltung betrachtet werden.

Beispielhaft verwirklicht sind diese geforderten Kriterien im klassischen Fall der Froschentwicklung. Aus dem sich im Ei früh entwickelnden Embryo entsteht eine Kaulquappe, die typische larvale (= transitorische) Strukturen, wie etwa das Raspelmaul und den Ruderschwanz, aufweist. Die Larven sind an die aquatische Umgebung gebunden. Sie entnehmen den zur Atmung nötigen Sauerstoff dem Wasser und ernähren sich vegetarisch, weswegen sie einen relativ langen Darm haben. Die adulten Frösche dagegen atmen atmosphärischen Sauerstoff mit Lungen, sie verbringen den größeren Teil der Zeit an Land und ernähren sich von tierischer Kost. Sie sind schwanzlos, ihr Darm ist relativ kurz.

Entwicklung eines Frosches der Familie Ranidae (*Hylarana* cf. *nigrovittata*) Fotos: U. Manthey

Biologie

Vor dem Hintergrund der oben genannten Kriterien betrachtet, findet sich all dies erfüllt. Strukturell ist das Larvenstadium eindeutig von Embryo und geschlechtsreifem Tier getrennt, bestimmte Systeme sind nur larval vorhanden. Kaulquappe und Frosch nutzen unterschiedliche Lebensräume und unterschiedliche Ressourcen. Des Weiteren ist bekannt, dass das Hormon Thyroxin für die Auslösung und Regulation des Metamorphoseprozesses verantwortlich ist. Im Verlauf der Individualentwicklung liegt die Larvalphase eindeutig zwischen Schlupf und Geschlechtsreife. Frösche brauchen im Allgemeinen längere Zeit, bis sie fortpflanzungsfähig sind. Es handelt sich hierbei also um eine eindeutige und vollständige Metamorphose. Verglichen damit sind die Verhältnisse beim Axolotl (und anderen neotenen Urodelen) weit weniger deutlich. Larven und geschlechtsreifes Tier leben im Wasser. Ihre Nahrung ist vergleichbar, das Spektrum verschiebt sich lediglich mit zunehmendem Alter in Korrelation zur Größe der Tiere. Die Grundgestalt beider Entwicklungsstadien sowie zahlreiche Organsysteme und Verhaltensweisen verändern sich nur wachstumsbedingt, echte Larvalorgane scheinen zu fehlen. Der einzige auffällige Unterschied liegt in der Geschlechtsreife entwickelter Tiere; diese strukturelle Änderung aber ist als Kriterium für eine Metamorphose nicht zugelassen.

Vereinfacht betrachtet liegt im Fall neotener Entwicklung also offenbar kein Umwandlungsgeschehen vor. Das ist allerdings nur bedingt richtig. Bei genauerer Analyse der Entwicklungsprozesse lassen sich sehr wohl einzelne Aspekte, die mit der Metamorphose in Verbindung stehen, nachweisen. Diese – auch als Teilmetamorphose (NOBLE 1931) zusammengefassten – Veränderungen umfassen z. B. die Haut (vgl. FROST 1989), die larval angelegten, aber wohl noch nicht funktionellen Luftsäcke (= Lungen landlebender Salamander) und die Bezahnung. So entwickeln sich im Oberkiefer adulter Tiere Zähne, die zwei Spitzen tragen und denen der natürlicherweise zur Umwandlung kommenden Schwanzlurche vergleichbar sind (vgl. auch GREVEN 1989). Eine vollständige Metamorphose unterbleibt, doch verfügen Axolotl (und andere neotene Amphibien) offenbar über bestimmte Gewebe, die dennoch „metamorphisch" transformiert werden. Diese Erscheinung liegt in der variablen Sensitivität einzelner Gewebe gegenüber dem wesentlichen Metamorphosehormon der Amphibien, dem Thyroxin, begründet, einem Aminosäurederivat, das, von der Schilddrüse gebildet, hormonelle Steuerwirkung entfaltet.

Die Frage, ob *A. mexicanum* zur Spontanmetamorphose befähigt ist, wäre demnach mit einem klaren Nein zu beantworten. Im Verlauf ihrer Entwicklungsgeschichte haben diese Tiere die Fähigkeit zum Landgang mutationsbedingt verloren, eine Anpassungsstrategie an die Austrocknung der Umgebung ihrer Heimatgewässer. Nur durch die Verabreichung von Schilddrüsenhormonen kann die Metamorphose ausgelöst werden. Diese Tatsache galt bis vor kurzer Zeit als gesicherte wissenschaftliche Erkenntnis. Vor einigen Jahren jedoch wurde ein Artikel veröffentlicht, der die spontane Metamorphose eines Axolotls beschrieb (BÖHME 2001). Der Autor schildert hierbei Vorgänge, die bereits im Jahr 1958 beobachtet worden waren, aber so detailliert und präzise, dass davon auszugehen ist, dass BÖHME tatsächlich Zeuge einer spontanen vollständigen Umwandlung eines *A. mexicanum* geworden ist. Wie ist das möglich?

Hinweise auf spontane Umwandlungen hat es immer wieder gegeben – der erste Bericht geht auf das ausgehende 19. Jahrhundert zurück und wird verschiedentlich beschrieben (u. a. ADLER 1916). In Brehms Tierleben von 1893 (SCHMIDTLEIN 1893) liest sich der Bericht über diese Versuche wie folgt: „Um das Studium ihrer (Anm.: der Axolotl) Lebens- und Verwandlungsgeschichte hat sich namentlich eine Dame, Fräulein von Chauvin in Freiburg im Breisgau, verdient gemacht, der es nicht nur gelang, junge Axolotl-Larven durch planmäßige Behandlung in die kiemenlose Molchform umzuwandeln, sondern auch die letztere zur Fortpflanzung zu bringen und sogar eine Rückbildung derselben in die wasserlebende Larvenform zu erzielen." Bei ADLER (1916) werden diese „planmäßigen Behandlungen" explizit als ein langsames Absenken des Wasserstandes beschrieben. Letztlich hatte das Fräulein aus Freiburg nichts anderes beschrieben als den Lebenszyklus eines normalen Molches – nur *A. mexicanum* kann sie dabei nicht beobachtet haben. Das Fräulein von Chauvin hatte es aller Wahrscheinlichkeit nach mit fast erwachsenen *A.-tigrinum*-Larven oder mit Mischlingen zu tun. Man sollte hier allerdings anmerken, dass sich die Larven von *A. mexicanum* und *A. tigrinum* wirklich außerordentlich ähnlich sehen können (so wie die natürliche Landform des Tigersalamanders auch der künstlich erzeugten des Mexikanischen Axolotl durchaus ähnelt). Leider ist es immer sehr schwierig, solche Irrtümer auszuräumen, sind sie erst einmal in der Welt.

So wie diese erste Beschreibung konnten ähnliche Beobachtungen immer auf Artverwechslungen, Kreuzungen mit nicht obligatorisch neotenen Ambystomatiden (etwa *A. tigrinum*) oder auf den Eintrag exogener Schilddrüsenhormone zurückgeführt werden. In dem von BÖHME (2001) geschilderten Fall lassen sich jedoch Artverwechslungen oder -vermischungen sowie Hormoneinträge ausschließen; auch metamorphosierte nur eine Larve aus dem beobachteten Gelege. Damit scheidet aus, dass eine genetische „Kontamination" – also eine Einkreuzung einer fremden *Ambystoma*-Art, wie z. B. Tigersalamander, oder aber eine hormonelle Kontamination durch Schilddrüsenhormone vorgelegen hat – dann hätten mehr Tiere metamorphosieren müssen.

Warum aber konnte dieses eine Tier die Umwandlung zur Landform vollziehen? Soweit untersucht, liegen beim Mexikanischen Axolotl die hormonellen Vorraussetzungen entlang der sog. regulatorischen Achse, also der Hypothalamus-(Drüse des Hirnbodens)-Hypophysen-(Hirnanhangsdrüse)-Schilddrüsen-Achse nicht vor. Verantwortlich dafür ist wohl die Mutation eines einzigen wichtigen Genortes (VOSS & SHAFFER 1997). Die dadurch veränderte genetische Information führt beim Axolotl in der Hirnanhangsdrüse zu einer stark reduzierten Bildung von Rezeptoren für ein bestimmtes Hormon, das TRH („thyreotropin releasing hormone", Thyreotropin freisetzendes Hormon), welches wiederum die Hirnanhangsdrüse zur Ausschüttung eines ein weiteren Hormons stimuliert, das TSH (Thyreoidea [Schilddrüse] stimulierendes Hormon). Dieser zuletzt genannte Botenstoff ist es, der die Schilddrüse dazu bringt, so viele Hormone auszuschütten, dass schließlich die Metamorphose eingeleitet wird (s. WISTUBA & BETTIN 2003). Fehlen nun aber schon am Anfang dieser regulatorischen Kette die Rezeptoren, wird klar, warum die nachfolgenden Prozesse nicht mehr ablaufen und Axolotl normalerweise eben keinen Landgang durchführen können.

Wenn allerdings bei diesem einen Tier wirklich eine spontane Metamorphose aufgetreten ist, so kommen eigentlich nur zwei Möglichkeiten in Betracht, wie die oben geschilderte Blockade aufgehoben worden sein könnte: Das für die reduzierte Bildung von TRH-Rezeptoren verantwortliche Gen könnte eine Rückmutation durchlaufen haben, d. h. die für die Art *A. mexicanum* veränderte Information wäre in diesem einen Fall zufällig rückgängig gemacht worden. Eine solche Art der Rückmutation wird als Atavismus bezeichnet. Alternativ könnte dieses Tier aber auch an einer Veränderung der Schilddrü-

se gelitten haben, die dazu führte, dass viel mehr Schilddrüsenhormone ausgeschüttet wurden als natürlicherweise der Fall – also sollte es eigentlich erkrankt gewesen sein, was in diesem Fall aber nur damit endete, dass dieser Molch an Land gehen konnte. Diese beiden wahrscheinlichsten Erklärungen für die ungewöhnliche Beobachtung lassen sich rückwirkend nicht mehr prüfen, doch ist klar, dass es sich hier um ein extrem seltenes Ereignis handelt, das die grundsätzliche obligatorische Neotenie, die bei *A. mexicanum* vorliegt, nicht in Frage stellt (Wistuba & Bettin 2003).

Axolotl können vollständig metamorphosieren – jedoch nur dann, wenn ihnen von außen experimentell solche Schilddrüsenhormone verabreicht werden (induzierbar-obligatorische Neotenie, s. o.; Pralhad & DeLanney 1965; Hackford et al. 1977; Kantorek 1993). Geringe Gaben von Trijodthyronin (T_3), Thyroxin (T_4) oder auch von Thyroidea-stimulierendem-Hormon (TSH) können zur vollständigen Metamorphose führen (Jacobs et al. 1988). Der mit TSH erreichbare Effekt belegt, dass die Blockierung beim Axolotl auch die Schilddrüsen-Hypophysen-Achse betrifft, innerhalb derer dieses Hormon eine entscheidende Funktion hat.

Es sei an dieser Stelle darauf hingewiesen, dass es sich bei derartigen Experimenten – zu-

Von oben nach unten: Verschiedene Stadien der Metamorphose bei *Ambystoma mexicanum*

Zunächst ist die Rückbildung des Flossensaums erkennbar, die von vorne nach hinten gerichtet ist.

Anschließend beginnt die Reduktion der äußeren Kiemen.

Die Metamorphose ist mit dem Verschluss der Kiemenschlitze äußerlich abgeschlossen.

Metamorphosierter *Ambystoma mexicanum*
Fotos: J. Ehmcke

Biologie

Metamorphosierter Teilalbino des Axolotls Foto: H. Wallays

mindest in der Bundesrepublik Deutschland – um einen Tierversuch handelt, der durch die zuständige Behörde genehmigt werden muss. Die Applikation der Hormone ist nur in der sensiblen, semiadulten Lebensphase erfolgreich durchführbar. Wird ein früherer Zeitpunkt gewählt, werden die Tiere nicht reagieren, ein zu später Entwicklungsabschnitt führt bestenfalls zu partiellen Metamorphose-Effekten, häufig jedoch zum Tod. Jedem Halter sei daher von der Durchführung solcher Experimente in Eigenregie dringend abgeraten, er riskiert damit nicht nur das Leben seiner Tiere, sondern macht sich zudem strafbar.

Auf keinen Fall sollte versucht werden, durch Senkung des Wasserspiegels einen Landgang der Tiere auszulösen (vgl. HERMANN 1990). Dieser würde im extremen Fall vielleicht erreicht – wenn nämlich irgendwann ausgetrocknete Leichen im Aquarium liegen. Weder willkürliche Temperatur- noch Wasserstandsschwankungen können reinrassige *A. mexicanum* zur Metamorphose bewegen, höchstens dazu, auf derartige Tierquälereien unleidlich zu reagieren, indem sie früher oder später sterben. Allein die Wirkung der entsprechenden Hormone kann die Umwandlungsprozesse einleiten.

Die Verabreichung der Hormone kann auf unterschiedliche Art erfolgen. Klassischerweise besteht die Möglichkeit, Thyroxin oder Thyroxinderivate mit dem Futter zu geben (GONSCHOREK & ZUCCHI 1984) oder im Hälterungswasser zu lösen (KANTOREK 1993), wobei diese Methode angeblich schonender und mit geringeren Verlusten verbunden ist (TAKEUCHI et al. 1997) als die direkte intramuskuläre Injektion von Hormonen in die Schwanzwurzel (Kühn & Jacobs 1989).

Wie bereits erwähnt, spielen der Hormonstatus und seine Veränderungen eine entscheidende Rolle für die Auslösung der Metamorphose der Amphibien. An der endokrinen Kontrolle sind Hypophyse, Hypothalamus und eben – an zentraler Stelle – die Schilddrüse (= Thyroidea) beteiligt (z. B. White & Nicoll 1981; Rosenkilde & Phaff-Ussing 1990). Dies konnte Etkin (1935) in Experimenten an Kaulquappen, denen die Schilddrüse entfernt und die Thyroxinlösungen ausgesetzt wurden, zeigen.

Hormone sind chemische Botenstoffe. Sie werden fast ausschließlich in Drüsen produziert und gelangen zumeist über die Blutbahn zu ihren Erfolgs- oder Zielorganen (= Wirkorte), deren Aktivität sie verändern. Thyroxin leitet sich chemisch von einer aromatischen Aminosäure ab, es stellt ein jodiertes Derivat des Tyrosin dar (Stryer 1990). Thyroxin wird in der Schilddrüse (= Thyroidea) gebildet, wo das dreifach jodierte Trijodthyronin (T_3) und die mit vier Jodatomen versehene Form, das eigentliche Thyroxin (T_4), entstehen. Beide Hormonvarianten sind bei der Metamorphoseinduktion von Amphibien wirksam.

Über die für Amphibien typische Wirkung hinaus hat Thyroxin bei Wirbeltieren zahlreiche weitere Funktionen, tatsächlich kommen fast alle Körperzellen als Zielgewebe

Vermutlich liegt die Ursache für die Neotenie des Axolotls im ariden Klima des Verbreitungsgebietes. Die natürliche Umgebung des Xochimilco-Sees lässt einen Landgang für Salamander wenig erfolgversprechend erscheinen.
Foto: H. Werning

für das Hormon in Frage. Thyroxin erhöht sowohl die Herztätigkeit und den Energiestoffwechsel als auch die endogene Wärmeproduktion. Seine Freisetzung wird über ein weiteres Hormon, das Thyroidea-stimulierende-Hormon (TSH), reguliert (ECKERT 1986).

Aus dem bisher Gesagten geht klar hervor, dass Mexikanische Axolotl ganz offensichtlich auf natürlichem Weg nicht zur vollständigen Metamorphose gelangen, obwohl sie sich eindeutig fortpflanzen können. Dieser Zusammenhang macht deutlich, dass zumindest die für die Reproduktion notwendigen Organsysteme (Gonaden, Kloakaldrüsen, Kloakenregion) Vorgängen unterliegen müssen, die in den metamorphosierenden Formen erst mit oder nach dem Landgang stattfinden; ein wichtiger Hinweis auf das als Teilmetamorphose beschriebene Geschehen.

Bei genauerer Untersuchung finden sich weitere Organe und Systeme im Tier, die ebenfalls metamorphoseähnliche oder metamorphotische Veränderungen erfahren (s. v.; Haut, Mundepithelien, Zähne). Hieraus lässt sich Folgendes schließen: Die Schilddrüse von *A. mexicanum* erreicht zwar nie den Produktionsumfang wie bei Urodelen, die einen vollständigen Landgang vollziehen; sie steigert aber sehr wohl die endogenen Hormonkonzentrationen im Verlauf der Individualentwicklung. Die sensitiveren unter den Organstrukturen reagieren darauf bereits mit Veränderungen, wie sie für die Umwandlung typisch sind. Das Metamorphosegeschehen erscheint damit insgesamt – wie ein Mosaik – aus dem versetzten Ansprechen von Systemen unterschiedlicher Sensitivität zusammengesetzt. Das Stehenbleiben inmitten des Metamorphoseverlaufs, die sog. Arretierung, wird damit durch unterschiedlich reagierende Körpersysteme des Axolotls bei einer gegebenen Leistungsfähigkeit der Schilddrüse festgelegt (vgl. KANTOREK 1993; WISTUBA et al. 1999; WISTUBA 2000).

Aus der Kombination metamorphosierender Merkmale beim Axolotl lässt sich für diesen Ambystomatiden die Arretierung am Ende der spätlarvalen Lebensphase im Übergang zur beginnenden Metamorphose festlegen. Im Vergleich dazu bleiben andere neotene Urodelen in anderen Lebensphasen stehen, etwa frühlarval (z. B. *Necturus maculosus*, s. GREVEN & CLEMEN 1979; *Siren intermedia* und *Pseudobranchus striatus*, s. CLEMEN & GREVEN 1988) oder in späteren Abschnitten der Ontogenese (z. B. *Andrias japonicus* oder *A. davidianus*, GREVEN & CLEMEN 1980; *Amphiuma tridactylum*, CLEMEN & GREVEN 1980).

Neotenie und Teilmetamorphose lassen sich bezüglich ihrer Entstehung offenbar am besten als umgebungsbedingte evolutive Phänomene verstehen, die als selektierte Anpassung an Lebensbedingungen zu deuten sind, die eine vollständige Umwandlung mit anschließendem Landgang ausschließen.

Verhalten

Verhaltensbiologische Untersuchungen über Axolotl fehlen weitgehend, es liegen nur wenige Studien an Tieren in Gefangenschaft vor (vgl. ZUCCHI & GONSCHOREK 1983; GONSCHOREK & ZUCCHI 1984); aus dem Freiland ist überhaupt nichts bekannt.

Grundsätzlich ist das Verhalten typischer Larven (die über vollständig entwickelte Extremitäten verfügen) und das geschlechtsreifer Molche ähnlich. Bei Letzteren treten jedoch noch weitere Verhaltensweisen auf, die im Zusammenhang mit der Fortpflanzung stehen, also einen entsprechenden Funktionskreis bilden. (Funktionskreise ordnen Verhaltensweisen einander zu, die vergleichbaren Zweck oder ähnliche Wirkung haben; MEYER 1984.)

ZUCCHI und GONSCHOREK (1983) führen in ihrem Ethogramm (Aufstellung aller von einer Tierart gezeigten Verhaltensweisen) verschiedene Funktionskreise auf. Neben Fortbewegungsverhalten,

Biologie

Ruheverhalten und mit der Aufnahme von Nahrung und Sauerstoff in Zusammenhang stehendem Verhalten sind dies Sexual- und so genanntes Interaktionsverhalten.

Axolotl bewegen sich im freien Wasser hauptsächlich langsam schwimmend, am Boden wird von kriechender Fortbewegung gesprochen. Dennoch ist der jeweilige Bewegungsablauf identisch, unterschiedlich ist nur der Ort. Der überkreuzt gegengleiche Einsatz der Extremitäten ist tetrapodentypisch („Kreuzgang", typisch für Vierbeiner) und ähnelt dem landlebender Urodelen, wobei der Ruderschwanz hier wohl untergeordnet dem Antrieb und hauptsächlich der Steuerung dient. Beim Übergang vom Kriechen zum langsamen Schwimmen, beim Verlassen des Untergrundes also, richten sich die Tiere mit dem Vorderkörper auf und stützen sich dabei auf den muskulösen Schwanz. Neben dieser üblicherweise zu beobachtenden Fortbewegung kann bei Störungen ein fluchtartiges schnelles Schwimmen auftreten, mit dem sich die Axolotl Gefahrensituationen entziehen. Die Beine werden dabei an den Körper gelegt, die Vorwärtsbewegung nur durch kräftige Schläge des Schwanzes ausgelöst, wobei die Tiere erhebliche Geschwindigkeit erreichen. Im heimischen Aquarium enden derartige Fluchten oft durch einen Aufprall an der Seitenscheibe. Axolotl sehen nämlich nicht besonders gut. Hindernissen weichen sie in solchen Situationen nur selten aus, zumeist versuchen die Tiere, sich stur in der ursprünglich eingeschlagenen Richtung weiterzubewegen. Man sollte

Von oben nach unten: Differenzierte Bewegungen des Axolotls   Fotos: F. Ambrock

Im freien Wasser bewegen sich Axolotl langsam schwimmend fort,

am Boden kriechen sie im „Kreuzgang".

Übergang vom Kriechen zum Schwimmen

daher vermeiden, die Tiere zu erschrecken, auch wenn sie einen solchen Aufprall meist unverletzt überstehen.

Der Fortbewegung gegenüberstellen lässt sich das Verhalten in Ruhe, wobei frühere Autoren das Ruheverhalten auch mit Schlafzuständen gleichsetzten. Derartige Aussagen sind aber nicht geprüft worden, und mit dem Schlaf des Menschen oder anderer Säugetiere ist diese Verhaltensweise tatsächlich nicht direkt zu vergleichen. Ruhephasen können ebenfalls unter der Oberfläche, im Wasserkörper oder am Bodengrund stattfinden. Sie sind vor allem dadurch gekennzeichnet, dass die Tiere mehr oder weniger bewegungslos verharren, die Extremitäten sind dabei leicht vom Körper abgespreizt und gestreckt. Der Ruderschwanz ist, sofern er nicht den Kör-

Oben und unten: Während der Ruhephasen verharren die Tiere mehr oder weniger bewegungslos. Foto oben: F. Ambrock, unten: J. Ehmcke

Biologie

Die Sauerstoffversorgung erfolgt über Hautatmung und die Kiemenäste. Foto: J. Wistuba

per am Boden abstützt, ebenfalls gestreckt und bewegungslos. Am Tier bewegen sich nur gelegentlich, in individuell unterschiedlicher Frequenz, die Kiemenäste (ZUCCHI & GONSCHOREK 1983). Dieses Ruheverhalten steht im Zusammenhang mit der körperlichen Erholung der Tiere. Wird z. B. ein so an der Wasseroberfläche ruhender Axolotl vorsichtig berührt, kann es vorkommen, dass der Molch nicht – wie es eigentlich zu erwarten wäre – in wilder Flucht davonschwimmt, sondern unbeweglich verharrt oder sich nur sehr langsam und träge entfernt. Übertragen ähnelt dieses Verhalten einer Tiefschlafphase bzw. dem allmählichen Erwachen, wobei wie erwähnt statt von Schlaf besser von einer deutlichen Inaktivität zu sprechen wäre.

Einen Funktionskreis im Zusammenhang mit der Sauerstoffaufnahme zu definieren ist schwierig. Da Axolotl einen größeren Teil ihres Sauerstoffbedarfes über die Hautatmung decken, kann dieser Punkt kaum als eigene Verhaltensweise betrachtet werden, denn die Sauerstoffaufnahme erfolgt weitgehend passiv und setzt keine äußerlich wahrnehmbare Tätigkeit voraus. Die Atmung über die Schleimhaut des Mundbodens kann ebenfalls rein passiv erfolgen, bei aufgeregten Tieren wird sie jedoch häufig – ähnlich wie bei landlebenden Salamandern – aktiv beschleunigt ausgeführt. ZUCCHI & GONSCHOREK (1983) berichten des Weiteren, dass Axolotl mit „Quastenkiemen", also Kiemenästen, an denen die federartigen feinen, seitlichen Verzweigungen fehlen, allein die Mundbodenbewegungen ausführen und dabei kaum mit den Kiemenästen schlagen. Letzteres stellt andererseits eine wesentliche Atembewegung dar, wobei die Kiemenäste in einer parallelen Schlagbewegung seitlich am Kopf zunächst nach hinten geführt werden, bevor sie in die Ausgangsstellung zurückkehren, in der sie vom Kopf abgespreizt stehen. Diese Bewegung dient dem Zuführen frischen, sauerstoffreichen Wassers an die äußeren Kiemenepithelien und ist insbesondere am ruhenden Tier gut zu beobachten. Sie tritt aber bei sehr jungen Larven wohl noch nicht auf, weil deren geringe Größe (Körperlänge unter 3 cm) aktive Atembewegungen nicht erforderlich macht.

Neben diesen typischen larvalen Atembewegungen treten beim aquatisch lebenden Axolotl auch Aktivitäten auf, die der Aufnahme atmosphärischen Sauerstoffs dienen, das so genannte Luftschnappen. Tatsächlich erfolgt diese Luftholbewegung mit einer sehr schnellen, schnappenden Aufreißbewegung des Mauls, wobei Oberflächenluft ins Maul eingezogen und über den Trachealspalt (Luftröhrenspalt) in die Luftsäcke geleitet wird, deren epitheliale Oberflächen relativ früh in der Entwicklung in Funktion treten. Auch diese Verhaltensweise kann schnell oder langsam erfolgen, abhängig vom Gesamtaktivitätszustand des Tieres. Der gesamte Ablauf der Bewegungsfolge setzt sich zusammen aus dem aktiven Aufsuchen der Wasseroberfläche, dem eigentlichen Luftholen und der Rückkehr zum Bodengrund; ruhende Tiere können die Luftholbewegung – entsprechend verlangsamt –

aber auch unter der Wasseroberfläche schwebend ausführen, ohne hierbei ihre Position zu verändern. Über die bisher geschilderten Funktionskreise hinaus existieren noch weitere Verhaltensweisen, die sämtlich aktivitätsgebunden und in Ruhephasen nicht zu beobachten sind. Sie werden bei Interaktionen ausgeführt, die sich auf die Umgebung oder Artgenossen beziehen.

Für Tiere nimmt generell das Suchen und Aufnehmen von Nahrung in ausreichender Menge eine zentrale Position bezüglich ihrer Handlungen ein. Alle Sinnesorgane sind vornehmlich zu diesem Zweck konstruiert. Axolotl orientieren sich sowohl optisch als auch chemotaktisch an ihrer Beute. Das Fangverhalten lässt sich chemisch auslösen, in-

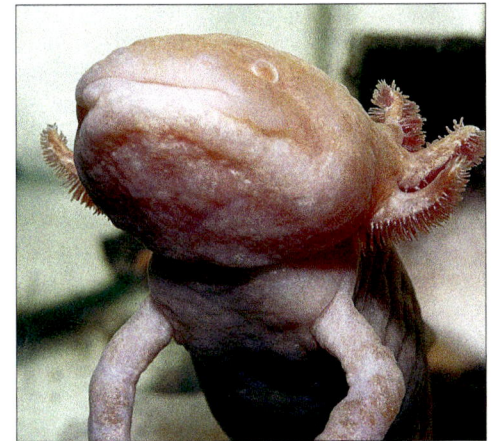

Zum Luftschnappen schwimmen die Axolotl an die Wasseroberfläche. Foto: A. Opolka

Durch „Saugschnappen" erbeuten die Axolotl ihre Nahrung. Foto: M. Schmidt

dem den Tieren ein entsprechender geruchlicher Reiz geboten wird. Diese Eigenschaft trägt erheblich zur vereinfachten Haltung von A. mexicanum im Aquarium bei, denn da sich die Tiere aus diesem Grund an tote Nahrung gewöhnen lassen, beginnen sie bereits mit der Nahrungssuche, sobald nur entsprechende Duftstoffe im Wasser sind. Das daraufhin einsetzende Suchverhalten (Appetenzverhalten; Zucchi & Gonschorek 1983) ist ungerichtet und mit typischen Bewegungsabläufen verbunden. Die Suchstellung, eine gekrümmte Haltung des Tieres, bei der Kopf und Schwanz abwärts geneigt sind und der Rücken gespannt erscheint, wird eingenommen, und die Axolotl bewegen sich mit pendelnden Bewegungen über den Boden. Der gesamte Körper wirkt dabei bogenförmig angespannt und für das Erbeuten von Nahrung vorbereitet. Stoßen die Tiere zufällig auf verschluckbare Gegenstände, zum Beispiel Nahrungsbrocken oder auch kleine Kiesel (s. o.), wird der Zugriff – das Saugschnappen – als Endhandlung ausgelöst (Erbkoordination; Zucchi & Gonschorek 1983).

Gerichteter Beutefang setzt beim Axolotl – ob mit oder ohne Geruchsreiz – optischen Kontakt zur Nahrung voraus, die zudem in Bewegung sein muss. Der Abstand zur Beute ist dabei stets gering (wenige Zentimeter), was vor dem Hintergrund der verwendeten Fangtechnik plausibel erscheint. Es zeigt sich, dass Axolotl Lauerjäger sind, nur selten wird Beute verfolgt; zu beobachten ist lediglich ein Ausrichten auf Futterorganismen, wenn diese von der Seite oder von vorn angeboten werden. Passiert die Beute einen Molch von hinten, so schnappt das Tier schlagartig seitlich nach ihr. Bei Misserfolg wird das Saugschnappen häufig mehrfach nacheinander ausgeführt, wenn auch ungezielt, da die Bewegungen ablaufen, ohne dass ein möglicher Positionswechsel des Futtertieres Beachtung findet. Bereits kurze Zeit später kann in einem solchen Fall das Verhalten wieder ausgelöst werden, dies lässt jedoch mit zunehmender Sättigung oder Ermüdung nach (Habituation oder Gewöhnung).

Die als Erbkoordination anzusehende Endhandlung der Nahrungsaufnahme, das Saugschnappen, besteht aus einem schlagartigen Aufreißen des relativ breiten, leicht unterständigen Maules, durch das unmittelbar vor und neben dem Kopf des Axolotls ein Sog entsteht, der die Beute in den Mundraum zieht. Die Konstruktion der inneren Kiemenspalten, die mit alternierend gesetzten, knorpeligen Reusenzähnen besetzt sind, verhindert ein Durchgleiten von Nahrungsteilen durch die Spalten und mindert so das Risiko einer Verletzung oder Verschmutzung der empfindlichen Kiemenepithelien (vgl. Wistuba & Clemen 1998). Darüber hinaus unterstützt der so erreichte hermetische Verschluss des Mundraumes nach hinten die Sogwirkung der Aufreißbewegung des Maules.

Axolotl schlucken ihre Beute unzerkaut. Gelegentliche Bewegungen der Kiefer während der Nahrungsaufnahme dienen dem

Rasterelektronenmikroskopische Aufnahme der Kiemenspangen. Die alternierende Anordnung der so genannten Reusenzähne verhindert ein Durchgleiten von Nahrungsteilen in die fiedrigen Kiemenanteile, deren atmungsaktives Epithel zerstört werden könnte. Zudem erhöht der hermetische Verschluss des Mundraums nach hinten die Sogwirkung der Saugschnappbewegung (vgl. Wistuba & Clemen 1998). Foto: J. Wistuba

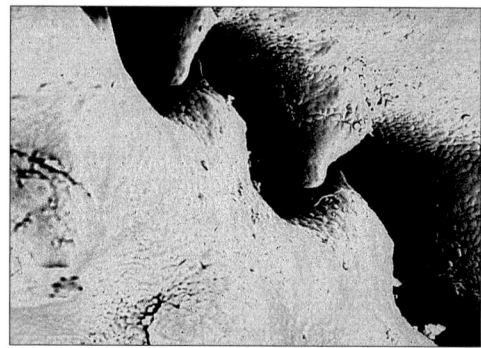

Transport in den Schlund, wobei den verschiedenen Zahnsystemen reine Festhaltefunktion zukommt. Bei sehr großen Futterorganismen sind kräftige, schüttelnde Kopfbewegungen zu beobachten. Dieses Umherschlagen der Beute dient nicht deren Zerkleinerung, wie die Analyse des Mageninhalts zeigt – hier finden sich kleine Fische oder Würmer stets vollständig –, sondern wohl ausschließlich der Ruhigstellung der Beute, die ja noch einige Zeit lebendig bleibt. Bewegt sie sich sehr stark, so besteht für den Molch die Gefahr, Verletzungen von Mundraum, Kiemenspangen oder der Speiseröhre davonzutragen. Auch die Bezahnung hat wohl ausschließlich diese Funktion. Krümmung, Größe und Anordnung der Zähne deuten zumindest darauf hin, wohingegen eine mechanische Zerkleinerung oder Verletzung der Beute unwahrscheinlich erscheint. Unverdauliches, Übelschmeckendes oder nicht fressbare Anteile werden häufig zunächst ins Maul genommen, manchmal auch verschluckt, bevor sie nach kurzer Zeit wieder ausgespien und nicht erneut aufgenommen werden.

Offenbar sind die Tiere mittels ihrer Geschmacksknospen, die sich auf Mundboden und Zunge befinden (s. Abb.), in der Lage, die

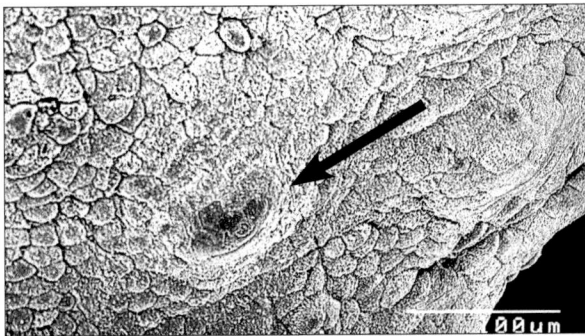

Rasterelektronenmikroskopische Aufnahme der Geschmacksknospe einer Axolotl-Larve. Sowohl im Mundepithel als auch auf der Zungenoberfläche sind diese geschmacks- und geruchswahrnehmenden Anordnungen recht häufig (vgl. Wistuba et al. 1999). Foto: J. Lange/J. Wistuba

Qualität der Nahrung festzustellen. Zucchi & Gonschorek (1983) stellten fest, dass alte, fette oder sehnige Futteranteile nur selten geschluckt werden.

In natürlicher Umgebung dürfte wohl eine Kombination beider Verhaltensweisen – der geruchlich ausgelösten ungerichteten und der durch optische Reize verursachten gerichteten Nachsuche – für den hungrigen Axolotl zum Erfolg führen, wobei für gewöhnlich der chemische Sinn die Fernorientierung auf die von der Beute abgesonderten Duftstoffe und der optische die Ausrichtung auf das Futter in geringer Distanz leistet.

Weitere Verhaltensweisen treten bei innerartlichen Interaktionen auf, und für deren Qualität ist es wesentlich, ob sie sexuell motiviert sind. Über das Fortpflanzungsverhalten unter natürlichen Bedingungen ist fast nichts bekannt, selbst über die Tiere in Gefangenschaft liegen kaum Beobachtungen vor. So ist nicht sicher, woran sich die Geschlechter letztendlich erkennen, es kommt, zumindest im Aquarium, wohl auch zu Verwechslungen. Rehberg (1990) berichtet von einem Männchen, das trotz Anwesenheit eines Weibchens einen Geschlechtsgenossen anbalzte.

Anordnung, Form und Krümmung der Zähne zeigen deren vorwiegende Festhaltefunktion an. Foto: J. Wistuba

Biologie

Das Liebesspiel verläuft, soweit bekannt, wie bei den meisten Urodelen. Im Zusammenhang mit der Balz steht die Aktivität verschiedener Drüsen. Von besonderer Bedeutung könnten hierbei aus der Kloakenregion des Weibchens abgesonderte Pheromone sein, die Signalfunktion haben (ARMSTRONG et al. 1989). Es kommt zunächst zu einem kreisenden Umeinanderschwimmen, wobei das Paar scheinbar gegenseitig die Kloakalregion des Partners prüft. Im weiteren Verlauf positioniert sich das männliche Tier vor dem Weibchen und exponiert seine Kloakaldrüsen. Folgt das Weibchen und ist der männliche Axolotl dazu bereit, legt er eine Spermatophore auf einem leicht erhöhten Punkt ab. Bei entsprechender Stimmung wird diese – es handelt sich um ein konisch geformtes, gallertartiges Sekret mit einer weißlichen Kappe an der Spitze, die die Spermien enthält – vom Weibchen in die Kloake aufgenommen. Dieser Vorgang kann sich, bleibt das Männchen aktiv, mehrfach wiederholen (ARMSTRONG et al. 1989). Die so aufgenommenen Samenzellen gelangen in eine Vorratseinrichtung, die Spermathek des Weibchens, in der sie 5–10 Tage funktionsfähig bleiben (HUMPHREY 1977). In der Folge der Paarung kommt es zum Laichakt, das Männchen ist nach Weitergabe der Spermatophore nicht weiter am Fortpflanzungsgeschehen beteiligt. Brutpflege kommt nicht vor.

Untersuchungen zum Interaktionsverhalten von Axolotln jenseits des Fortpflanzungsgeschehens liegen, wie schon gesagt, aus dem Freiland nicht vor. Auch hierzu können also nur Aquarienbeobachtungen genutzt werden. Erwachsene Tiere zeigen sich außerhalb der Balz an ihren Artgenossen weitgehend uninteressiert. Häufig liegen sie unter- oder nebeneinander, ohne erkennbar aufeinander zu reagieren. Ein Territorialverhalten, wie etwa das Bilden und Halten von Revieren, wird nicht beobachtet, ebenso fehlen Kämpfe. Beißereien unter adulten Tieren stehen wohl ausschließlich im Zusammenhang mit der Nahrungsaufnahme. Begründet sind sie in Verwechslungen, da hungrige Axolotl nach allem schnappen, was sich bewegt. Dieses Verhalten steht jedoch wohl nicht im Zusammenhang mit dem larval vorliegenden Kannibalismus (vgl. Haltung und Zucht). Außerhalb von Balz und Paarung liegt demnach kein gesondert erfassbares Interaktionsverhalten vor.

Außerhalb der Balz sind erwachsene Axolotl an ihren Artgenossen weitgehend uninteressiert. Meistens liegen sie aufeinander oder nebeneinander, ohne erkennbar darauf zu reagieren. Foto: H. Wallays

Internet und Colonies – Axolotl im Netz

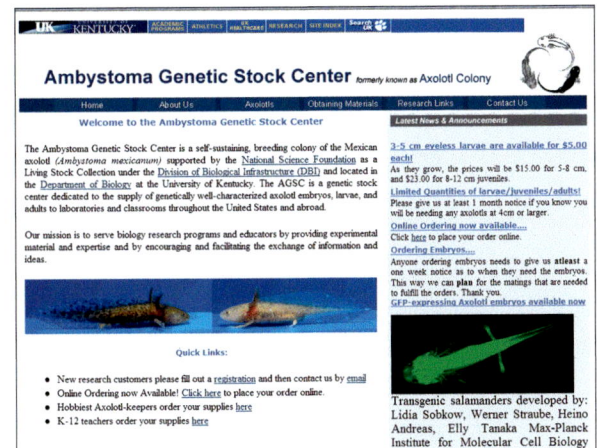

Als die erste Auflage dieses Buches entstand, war das Internet noch weit weniger alltäglich als heute. Erkennen lässt sich das an meiner damaligen Empfehlung, als Suchmaschinen Yahoo oder Altavista zu benutzen. Im Google-Zeitalter mutet dies eher antiquarisch an. Die Anzahl von Treffern für die Begriffe „Axolotl" oder „*Ambystoma*" ist genauso exponentiell gewachsen wie der gesamte Inhalt des WWW zugenommen hat. Meines Erachtens ist dies eine begrüßenswerte Neuerung, und so haben die Neuauflagen ebenfalls stark davon profitiert, dass es inzwischen etliche neue Seiten und Foren gibt, denen man viel Wissenswertes zum Axolotl entnehmen kann und über die Fragen beantwortet oder Bekanntschaften mit anderen Molchliebhabern geknüpft werden. Besonders hervorheben möchte ich neben den Seiten „axolotl-online.de" und „molche.net", die schon weiter vorne im Buch Erwähnung fanden, hier insbesondere die Seite der Deutschen Gesellschaft für Herpetologie und Terrarienkunde (DGHT), die unter anderem auch die Möglichkeit zum Austausch in einem von ausgewiesenen Experten kompetent betreuten Forum bietet. Damit bietet das Netz eine Fülle von aktuellen Informationen und Querverweisen, die zum Beispiel bei der Beschaffung von Tieren hilfreich sein können, da auch der Großteil der Züchter und Händler über Internet-Adressen verfügen.

Die in der Erstauflage vorgestellte Seite der Indiana-Universität, die Axolotlforschung und -erhaltungszucht betrieb, die so genannte „Indiana University Axolotl Colony", gibt es so zwischenzeitlich nicht mehr. Mittlerweile nennt sich die Unternehmung „Ambystoma Genetic Stock Center" (AGSC) und ist an der University of Kentucky beheimatet (http://www.ambystoma.org/AGSC). Geblieben ist jedoch die Intention dieser Einrichtung, als Bindeglied zwischen wissenschaftlicher Ausrichtung und einem allgemeinverständlichen Zugang zu dieser Tierart zu fungieren. Die enthaltenen Informationen (in englischer Sprache) sind sehr umfassend und können dennoch auch dem interessierten Laien weiterhelfen. Sie sind zudem immer hochaktuell: So stellt die Seite einen genetisch veränderten Axolotl vor, der aufgrund des Einbaus eines Quallen-Gens grün leuchtet, wenn er unter UV-Licht bestrahlt wird. Dies ist kein skurriler Scherz für Aquarianer, die leuchtende Molche beobachten wollen, sondern dieser Axolotl soll es zum Beispiel ermöglichen, Zellwanderungen während der Organogenese und/oder der Blutbildung verfolgen zu können (Sobkow et al. 2006). Auf der AGSC-Seite werden neben solchen neuartigen, forschungsrelevanten Methoden und Labortechniken auch für den Terrarianer interessante Aspekte zur Zucht und Aufzucht oder zur Behandlung von Erkrankungen vorgestellt. Hier ist es ist auch möglich, auf direktem Wege Aktuelles über Mutationsformen zu erfahren und Einsicht in die weiter vorn erwähnte Normentafel der Entwicklungsstadien zu nehmen.

Axolotl als Gegenstand der Forschung

Axolotl sind nicht nur für den interessierten Privathalter faszinierend, sondern blicken auch auf eine etwa 150 Jahre währende Historie als Gegenstand wissenschaftlicher Forschung zurück. Dabei hat sich – wie die folgende Zusammenfassung zeigen wird – nahezu jedes neu aufkommende Gebiet der Biowissenschaften dieser Molche bedient, um an ihnen wesentliche Erkenntnisse zu entdecken oder zu bestätigen. Hierzu haben die spezifischen biologischen Eigenschaften der Axolotl (neotene Entwicklung und hohe Regenerationsfähigkeit) ebenso beigetragen wie ihre Verfügbarkeit (einfache Haltungsbedingungen und leichte Züchtbarkeit) – beides ideale Voraussetzungen für eine Karriere als „Haustier" von Wissenschaftlern.

Die wissenschaftliche Untersuchung und der Einsatz von Axolotln in einem forschenden Zusammenhang begannen schon in der zweiten Hälfte des 19. Jahrhunderts, in einer Zeit, in der die Biowissenschaften durch die bahnbrechenden Arbeiten zur Evolutionstheorie von Charles Darwin und Alfred Russel Wallace (Darwin & Wallace 1858; Darwin 1859) zu einer völlig neuen Interpretation des Lebendigen kam. Die Evolutionstheorie erneuerte fortan das biologische Denken und hat nahezu alle Teilgebiete der Lebenswissenschaften wesentlich beeinflusst, wie etwa die sogenannte Entwicklungsmechanik, die den von Darwin beschriebenen „Kampf der Organismen" auf die Ebene der Organe übertrug und deren Anpassung an bestimmte Umweltanforderungen auf Ebene der Individuen untersuchte – und damit erstmals Ursachen bestimmter anatomischer Strukturen näher betrachtete (Roux 1881).

Zur Untersuchung solcher strukturellen Anpassungen von Geweben und Organen hinsichtlich ihrer Funktion wurden in der Folge Transplantationsexperimente modern, und an dieser Stelle wurde der Axolotl ein wichtiges Modell. Dies war zum einen der Tatsache geschuldet, dass diese Tiere als Dauerlarven entwicklungsbiologisch sowohl die Untersuchung larvaler als auch adulter Organe und Gewebe in einem Individuum zulassen. Zum anderen haben diese robusten Molche eine enorme Erholungsfähigkeit, sodass sie für Transplantationsexperimente herausragend geeignet waren, gingen doch trotz zum Teil noch recht grober und limitierter Operationstechniken kaum Versuchstiere verloren.

Grundsätzlich hilfreich bei der Auswertung und Verfolgung von transplantierten Geweben oder Körperteilen ist es, wenn diese am Empfängertier möglichst einfach wieder aufgefunden werden können respektive eine Art von Markierung tragen (Kantorek 1993). Da bereits damals verschiedene Axolotl-Farbschläge zur Verfügung standen, konnten beispielsweise Transplantate von Weißlingen auf wildfarbene Axolotl leichter studiert und ausgewertet werden. So wurden in dieser Zeit durch Verpflanzung von Extremitäten etwa Prozesse der Wundheilung und Regeneration untersucht (Godlewski 1928; David 1932). Die Resultate haben viel dazu beigetragen, Erkenntnisse zum Wachstum und zur Bildung von Organen und Geweben zu Strukturen zu gewinnen, die heu-

Typische Laborhaltung von Axolotln. Die Tiere sind hier in einem Kellerraum untergebracht, was verhindert, dass sich die Becken im Sommer zu stark erwärmen. Da die Ansprüche im Forschungsbetrieb nicht primär der Ästhetik, sondern der Praktikabilität und den Hygieneanforderungen folgen, sind die Einrichtungen eher sparsam gehalten. Dennoch erfüllen die Bedingungen alle Ansprüche der Tiere zufriedenstellend, was auch die zahlreichen erfolgreichen Nachzuchten belegen.

Foto: J. Ehmcke

Axolotl als Gegenstand der Forschung

Axolotl als Gegenstand der Forschung

Die Regenerationsfähigkeit der Axolotl steht immer wieder im Fokus der Forschung. Dieses Tier aus einem Regenerationsversuch bildet gerade Extremitäten nach (vorne rechts und hinten links), wie der deutliche Größenunterschied noch gut erkennen lässt. Foto: A. Pantone

te klassische Inhalte der modernen Entwicklungsbiologie darstellen.

Viele biologische Prozesse werden von Botenstoffen (Hormonen) gesteuert. Wie oben schon ausgeführt, ist die Ursache der Neotenie des Axolotls eine hormonelle Störung der Metamorphose (BETTIN 2003). Die Lehre von der Wirkung der Hormone, die Endokrinologie, etablierte sich in der ersten Hälfte des 20. Jahrhunderts, und Amphibien wurden bereits früh als Tiermodelle genutzt, hauptsächlich um die Funktion der Schilddrüse für die Regulation des Stoffwechsels zu untersuchen. Eine ihrer Schlüsselfunktion für Amphibien ist das Auslösen der Metamorphose (GUDERNATSCH 1912). Und hier waren nun natürlich solche Molche besonders spannend, die genau diese Funktion offenbar verloren hatten, sich aber experimentell noch in die Metamorphose versetzen ließen – eine Konsequenz aus der Art dieser Störung, nämlich einer defekten Drüsenfunktion bei noch vorhandener Ansprechbarkeit der Zielorgane durch Hormongabe. Dieser „Zwischenzustand" war für einen experimentellen Zugang von großem Vorteil (z. B. UHLENHUTH 1922; ALLEN 1938; THIEL 1939). Ergebnisse dieser grundlegenden Arbeiten haben die Basis für unser modernes Verständnis zu den Funktionen und Erkrankungen – nicht nur der Schilddrüse – geprägt.

Die anschließende Weiterentwicklung der Biowissenschaften zielte zunehmend auf das Begreifen von Wechselwirkungen zwischen verschiedenen subzellulären Strukturen, wie etwa zwischen Zytoplasma und Zellkern. Der deutsche Wissenschaftler Hans Spemann hatte schon 1938 vorgeschlagen, dass dem Zellkern eine maßgebliche Bedeutung zukommen müsse. Zur Überprüfung seiner Annahme schlug er vor, Zellkerne aus einer differenzierten (also

Axolotl als Gegenstand der Forschung

Zuchtgruppe von Axolotl-Weißlingen in der Laborhaltung. Als Unterschlupf und Laichsubstrat werden die einfachen und leicht zu reinigenden Tonröhren gerne angenommen.

Foto: A. Pantone

voll entwickelten) Körperzelle in eine kernlose, befruchtete Eizelle zu verpflanzen und anschließend auszuwerten, welche Vorgänge vom Kern und welche aus dem Zytoplasma gesteuert werden (SPEMANN 1938). Wir kennen dieses Vorgehen heute als „somatisches Klonen" (oder verkürzt „Klonen"). Obwohl ein brillanter Vorschlag, war ein solches Experiment in der damaligen Zeit technisch noch undurchführbar. Interessant ist jedoch, dass Spemanns Vorschlag aus Beobachtungen an Salamanderembryonen herrührte, die er mittels der Übertragung von Zellkernen zwischen verschiedenen Embryonen gemacht hatte, was deren Entwicklung nicht geschadet hat (SPEMANN 1938).

Warum ist dieser Abschnitt zur Wissenschaftsgeschichte besonders wichtig für Axolotl-Enthusiasten? Weil wir die Überlegungen Spemanns und die sich daraus ergebende weitere Forschung letztlich dem Humphrey- oder Goldalbino-Axolotl verdanken, der aus diesen frühen Klonexperimenten hervorgegangen ist. Denn die oben beschriebenen theoretischen Experimente Spemanns konnten 14 Jahre nach ihrer Veröffentlichung erstmals erfolgreich durchgeführt werden, und zwar – kaum überraschend – an Amphibien. 1952 gelang durch die Übertragung von differenzierten Zellkernen in eine Eizelle erstmalig das Klonen von Leopardfröschen (*Lithobates pipiens*, BRIGGS & KING 1952) und nur relativ kurze Zeit später eben auch von Axolotln (BRIGGS et al. 1962; SIGNORET et al. 1967). Basierend auf früheren Arbeiten (HUMPHREY 1944; GEYER & FREYTAG 1949) führte auch Rufus R. Humphrey Hybridisierungs- und Klonexperimente mit Ambystomatiden durch, und als ein Resultat dieser experimentellen Arbeit ist uns bis heute die Goldvariante (Humphrey-Hybride) des Axolotls erhalten geblieben (HUMPHREY 1967).

Axolotl als Gegenstand der Forschung

Der Goldalbino oder Humphrey-Axolotl ist uns bis heute als ein Resultat der Forschungen erhalten geblieben. Foto: A. Kwet

Axolotl als Gegenstand der Forschung

Axolotl als Gegenstand der Forschung

Humphrey benutzte hierfür ein Albino-Tigersalamanderweibchen (*Ambystoma tigrinum*), das als Eizellspender diente und dessen Eier mit Spermien von Wildtyp-Axolotln befruchtet wurden. Erstaunlicherweise überlebte immerhin ein derart erzeugtes Hybridtier, dessen Zellkerne in einem zweiten Schritt in Embryonen von Axolotl-Weißlingen erfolgreich geklont wurden. Diese entwickelten sich normal und zeigten einen neotenen, mit *Ambystoma mexicanum* vergleichbaren Phänotyp, waren aber – anders als Axolotl-Weißlinge – vollkommen amelanistisch und entwickelten aufgrund zahlreicher, gelblicher Pigmente produzierender Farbzellen (Xanthophoren) die Goldalbinoform, die demnach allerdings kein reiner Axolotl ist. Heutzutage ist klar (als eine Konsequenz aus den damaligen Experimenten), dass auch zwischen zytoplasmatischen Organellen (den Mitochondrien) und dem Zellkern genetische Informationen ausgetauscht werden und dass diese Tiere somit auch einen geringen Anteil von Tigersalamander-Erbinformationen tragen (vgl. auch Rehberg 1990).

Nachdem die Biochemie der Vererbung Ende der fünfziger Jahre des letzten Jahrhunderts weitgehend aufgeklärt worden war, rückte die Genetik ins Zentrum des Interesses der Biowissenschaften. Und auch in diesem neuen Feld wurde schon bald der Axolotl – als eines der ersten Wirbeltiere – relevant, und zwar bereits unmittelbar, nachdem die nötigen technischen Voraussetzungen geschaffen waren (Briggs & Humphrey 1962; Briggs 1972; Brun 1978; Armstrong et al. 1983; Briggs & Briggs 1984; Armstrong 1985). Es ist daher nicht verwunderlich, dass der Axolotl zu den immer noch relativ wenigen Arten gehört, deren Genom weitgehend

Ein Axolotl-Weißling spiegelt sich am Beckenboden. Aus hygienischen Gründen haben die Laborbecken schlichte, dunkel gefärbte Glasböden, die einfacher zu reinigen sind und den Tieren dennoch ausreichend Orientierung bieten.
Foto: A. Pantone

vollständig bekannt ist, und dass diese Molche eines der größten bekannten Genome haben – auch wenn die Zahl ihrer Chromosomen mit nur 14 relativ klein ist. Dies liegt daran, dass Axolotl über besondere, noch weitgehend unerforschte genetische Strukturen verfügen (Smith et al. 2009), weswegen man davon ausgehen kann, dass die Untersuchungen an Axolotln unvermindert fortschreiten werden.

Nachdem die Bedeutung der DNS als Träger der Erbinformation einmal erkannt und biochemische Methoden zunehmend verfügbar gemacht worden waren, wurde als neues Ziel der Forschungen angestrebt, diese Erbinformationen auch experimentell zu manipulieren. Am beeindruckendsten gelang dies mit der Erzeugung sogenannter „transgener" Organismen (also Tiere, Pflanzen und Mikroorganismen, deren Gene manipuliert, denen Gene entfernt oder denen Gene anderer Organismen hinzugefügt wurden). An solchen transgenen Organismen können die Beziehungen zwischen bestimmten Genen oder Genkombinationen und den daraus resultierenden Veränderungen der Körperfunktionen oder -gestalt untersucht werden.

Transgene Tiere entstehen durch das Einbauen artfremder Gene, etwa durch die Kopplung sogenannter Reportergene an bestimmte Zielgene, was deren Genaktivität beobachtbar macht. Ein solches Reportergen codiert beispielsweise das „enhanced Green Fluorescent Protein" (eGFP), das aus einer pazifischen Quallenart (*Aequorea victoria*) stammt und dazu führt, dass transgene Tiere bei Anregung mit ultraviolettem Licht leuchten. Neben Mäusen und Ratten, die dieses Gen tragen, gibt es seit 2006 auch transgene GFP-Axolotl – als eine der wenigen anderen Tierarten (Sobkow et al. 2006). Auch diese Tatsache unterstreicht die Bedeutung dieser Art in der Forschung. Die GFP-Markierung von Zellen erfüllt hier einen ähnlichen Zweck (wenn auch auf einem viel eleganteren Weg) wie die frühere Verwendung verschiedener Farbschläge: Sie erlaubt beispielsweise die direkte Verfolgung transplantierter Zellen und Gewebe.

Seit etwa 20 Jahren haben sich Forscher nun zunehmend auf das spezifische Zusammenwirken der verschiedenen Eiweißmoleküle in einzelnen Geweben (Proteomik) konzentriert, da sich herausgestellt hat, dass dieses Zusammenspiel vielen Vorgängen zugrunde liegt. Auch in diesem noch jungen Fach der Biologie ist der Axolotl aufgrund seiner besonderen entwicklungsbiologischen Charakteristik hochinteressant. Insbesondere seine extreme Fähigkeit zur Regeneration ist diesbezüglich verlockend, da es möglich werden kann, auf diese Weise die Mechanismen hinter solchen Heilungs- und Erneuerungsprozessen zu verstehen. Dieses Ziel verfolgten ja auch schon die frühen Transplantationsexperimente im letzten Jahrhundert. Die Veränderungen des Proteoms (also die Gesamtheit der an einem solchen Prozess beteiligten Eiweißmoleküle oder Proteine) nach dem Verlust eines Beines etwa wurden in diesem Zusammenhang bereits an *Ambystoma mexicanum* untersucht (RAO et al. 2009) und haben den Axolotl als interessantes Modell in diesem Teilgebiet etabliert.

Die Fähigkeit, verletzte oder fehlende Gewebe bis hin zu vollständigen Extremitäten zu regenerieren, ist wohl die begehrenswerteste Eigenschaft der Axolotl. Das, was diese Tiere natürlicherweise beherrschen, ist ein uralter Traum der biomedizinischen Wissenschaft: Das Erreichen eines quasi ewig jugendlichen Zustandes mit der Option, zerstörte Körperteile zu erneuern (eine Fähigkeit, die bei Wirbeltieren nur sehr eingeschränkt vorhanden ist, insbesondere bei Säugetieren inklusive des Menschen). Dabei können weniger differenzierte Entwicklungsstadien besser regenerieren als solche, deren individuelle Ausreifung bereits weiter fortgeschritten ist, d. h., ein Embryo kann noch fast alle Defekte beheben, ein Erwachsener jedoch kaum noch regenerieren. Damit stellt der Axolotl wiederum ein ideales Versuchstier dar, denn er ist aufgrund seiner Neotenie in seiner Individualentwicklung sozusagen auf halbem Wege „steckengeblieben" (TANAKA & REDDIEN 2011; VOSS et al. 2009) und vereint so Körperteile mit den unterschiedlichen Eigenschaften: nämlich die larvalen (etwa die Kiemen) und die metamorphosierten (wie die Gonaden) Merkmale.

In jüngster Zeit konnten regenerative Leistungen des Körpers mit der Aktivität sogenannter Stammzellen in Verbindung gebracht werden, und selbstverständlich wurden auch diese am Axolotl untersucht. In diesem Zusammenhang wurden schon erste, sehr verblüffende Befunde erhoben: So ist der Axolotl beispielsweise in der Lage, weite Teile seines Nervensystems nach Verletzungen wieder aufzubauen (CAMPELL et al. 2011; MCHEDLISHVILI et al. 2012), und ein aus Axolotl-Haut isoliertes Eiweiß, das Enzym AmbLOXE, konnte in Säugerzellen eingebaut werden. Es hat dort, nach Übertragung der Zellen auf verletzte Hautpartien, zu einer beschleunigten Wundheilung geführt (MENGER et al. 2011).

Fasst man die 150-jährige „Wissenschaftskarriere" des Axolotls also zusammen, hat sich dieses Tier als Erfolgsmodell bewährt, und man darf guten Gewissens davon ausgehen, dass dies wohl auch in den nächsten Jahrzehnten so sein wird (ausführliche Darstellung in WISTUBA 2013 und REISS et al. 2014).

Wer die wissenschaftliche Historie nachvollziehen und neue spezielle Ergebnisse aus der Forschung mit Axolotln verfolgen will, kann zum einen die Arbeitsgruppe zur Literaturgeschichte der Herpetologie (LGHT) in der Deutschen Gesellschaft für Herpetologie und Terrarienkunde (DGHT) über deren Homepage kontaktieren oder in der wissenschaftlichen Datenbank „PubMed" suchen, in der zumindest Zugriff auf Zusammenfassungen der meisten wissenschaftlichen Arbeiten besteht. Im Juni 2014 ergab meine Suche in dieser Datenbank unter dem Stichwort „Axolotl" etwa 3.000 Treffer – es lohnt sich für Interessierte, dort also einmal nachzusehen.

Glossar

Aberration: Abweichung; hier die von einer Stammform abweichenden Formen. Abberationen entstehen zumeist durch stabile Veränderungen des Erbgutes (z. B. Farbschläge).
adult: geschlechtsreif
Adultation: Erreichen der Geschlechtsreife
Adultus (Mehrzahl: Adulti): geschlechtsreifes, erwachsenes Tier
Albinismus, Albino: Als Albinos werden Tiere bezeichnet, die nicht fähig sind, das Pigment Melanin, also den schwarzen Farbstoff der Haut und der Netzhaut, zu bilden. Diese Fehlfunktion wird als Albinismus bezeichnet.
Ambystomatiden: Querzahnmolche, Familie der Schwanzlurche (Urodelen)
anthropogen: durch menschlichen Einfluss ausgelöst
Applikation: Verabreichung von chemischen Substanzen oder Medikamenten
aquatil, aquatisch: ans Wasser gebunden
chemotaktisch: nach chemischen Reizen gerichtet
Chromatophoren: Farbzellen der Haut
Chromosom: Aus dem Griechischen wörtlich als „Farbkörper" zu übersetzen, sind Chromosomen jene Strukturen im Zellkern, in denen die Gene gruppiert vorliegen. Sie setzen sich aus der DNS, die die Erbinformation trägt, und verschiedenen Proteinen zusammen, die strukturelle und regulatorische Funktion haben. Insbesondere beim Vorgang der Zellteilung ist diese „Verpackung" wichtig.
Dekapitieren: Tötungsmethode durch Abtrennen des Schädels vom Rumpf
Derivate: aus einer chemischen Substanz oder Verbindung durch chemische Reaktionen abgeleitete, mit der Grundsubstanz verwandte Verbindungen
dimorph: zweigestaltig; bezeichnet verschiedene Erscheinungsformen des Phänotyps (s. d.) einer Tierart (z. B. Geschlechtsdimorphismus: Unterschiede in der Körperform zwischen männlichen und weiblichen Tieren).
endemisch: nur auf einen Ort beschränktes, lokal eng begrenztes Vorkommen
endogen: im eigenen Körper gebildet oder vorhanden
Endokrinologie: Lehre von den hormonellen Zusammenhängen, Teilgebiet der Physiologie
Enzyme: Biokatalytische Proteine, die biochemische Prozesse im Zellstoffwechsel steuern
Epithelien: Abschluss- oder Deckgewebe
evolutiv: mit dem Evolutionsgeschehen in Verbindung stehende Ereignisse oder Verhaltensformen; damit im Zusammenhang mit Mutation (genetischen Veränderungen) und Selektion (Umweltveränderungen) stehend
F_1-Generation: erste Folgegeneration. Bezeichnet die ersten Nachkommen eines Elternpaares (Parental- oder P-Generation).
Fertilitätsverhalten: mit der sexuellen Fortpflanzung verbundenes Verhalten
Genom: Gesamtheit der genetischen (erblichen) Information eines Organismus
heterochrom: verschiedenfarbig, andersfarbig
Hypophyse: Hirnanhangsdrüse, Bildungsort verschiedener Hormone, Organ mit hormoneller Steuerungsfunktion
Hypothalamus: unter dem Thalamus gelegener Teil des Gehirns der Wirbeltiere
Individualentwicklung: Entwicklung eines Tieres von der Verschmelzung des mütterlichen und des väterlichen Vorkerns bis zum Tod
Induktion: entwicklungsphysiologisch: Auslösen eines Entwicklungsvorganges in einem Teil des Organismus
Interaktionsverhalten: Verhalten, das durch den unmittelbaren Kontakt zwischen zwei Tieren ausgelöst und nur in diesem Zusammenhang gezeigt wird
intraspezifisch: innerhalb einer Art

Glossar

Kloakaldrüsen: spezifische Hautdrüsen in der Region der Kloakenöffnung, die insbesondere im Zusammenhang mit der Bildung von Spermatophoren (s. d.) von Bedeutung sind

larval: das Larvenstadium betreffend

Melanin: schwarzes Pigment der Haut, das in spezifischen Farbzellen (Melanophoren) enthalten ist

metabolisch: den Stoffwechsel betreffend

Mitochondrium: Mitochondrien sind sogenannte Zellorganellen. Nach geltender Lehrmeinung sind sie während der Evolution aus Bakterien entstanden, die in Zellen eingewandert und mit diesen eine Symbiose eingegangen sind. Mitochondrien sind für die Zellatmung verantwortlich und stellen die Energie für biochemische Prozesse bereit. Daher werden sie auch als die „Kraftwerke" der Zellen bezeichnet. Mitochondrien besitzen ebenfalls (eigene) Erbinformation in Form von bakterienähnlicher DNS, einzelne Gene können mit dem Zellkern ausgetauscht werden.

mutativ: durch Mutation (Erbgutveränderung) bedingt

Metamorphose: Umwandlung, Übergangsphase zwischen Larven- und geschlechtsreifer Generation, mit größeren Umbildungen der Körpergestalt verbunden

Neotenie: verkürzt: Eintritt der Geschlechtsreife im Larvenstadium, ausführliche Erläuterung im Text

Ontogenese: Individualentwicklung (s. d.)

Osmoregulation: Regulation des Mineralstoffhaushaltes im Organismus

pathogen: krankheitserregend

Phänotyp, phänotypisch: Gesamtheit der zu einem Zeitpunkt der Entwicklung ausgeprägten äußeren Eigenschaften eines Organismus; das äußere Erscheinungsbild eines Tieres betreffend

Pheromone: chemische Botenstoffe, die zur Informationsübermittlung zwischen Tieren dienen und zumeist über den Geruchssinn wahrgenommen werden

phylogenetisch: stammesgeschichtlich

(phylogenetische) Radiation: Bildung und Verbreitung von Tierarten im Verlauf der Stammesgeschichte

Proteom: Gesamtheit der an einem biologischen Prozess beteiligten Proteine, z. B. alle Proteine, die bei der Entwicklung eines Organs oder bei der Wundheilung beteiligt sind

regenerativ: sich erneuernd

Reportergene: Gene, die in biotechnischen Verfahren in Organismen eingebaut werden und bestimmte Markierungen tragen, die eine Verfolgung dieser Genfunktion ermöglichen, etwa durch Biolumineszenz, die durch UV-Licht sichtbar wird, oder durch enzymatische Funktionen, die sich in speziellen Färbeverfahren abbilden lassen

rezent: gegenwärtig existierende Organismen

semiadult, Semiadultus: bei neotenen (s. d.) Tieren: Übergangsphase zwischen Larven- und Adultzustand

semiarid: bezeichnet halbwüstenartige, trockene Gebiete

sensitiv: empfänglich, von bestimmten (hier hormonellen) Reizen ansprechbar

Spermatophore: Paket aus Samenzellen und Sekretsubstanzen, Samenträger

terrestrisch: landlebend

Tetrapoden: „Vierfüßer", Wirbeltiere ohne Kieferlose

thyreoidale Hormone: Hormone, die in der Schilddrüse gebildet werden

Trachealspalt: Übergangsregion zwischen Luftröhre und Mundhöhle

Urodelen: Schwanzlurche, Amphibienordnung der „Salamander und Molche"

Zytoplasma: Der flüssige Anteil der Zellen, in dem Zellkern und Organellen eingebettet sind; im Zytoplasma liegen u. a. Mitochondrien vor. Somit besteht ein Austausch von Information zwischen dem Zellkern und dem Zytoplasma der Zellen.

Literaturverzeichnis

ADLER, L. (1916): Untersuchungen über die Entstehung der Amphibienneotenie; zugleich ein Beitrag zur Physiologie der Amphibienschilddrüse. – Pflügers Archiv für Physiologie 164: 1–101.

ALLEN, B.M. (1938): The endocrine control of amphibian metamorphosis. – Biological Reviews 13: 1–19.

ALLMELING, C. (2009): *Ambystoma mexicanum*/Axolotl. Captive care management paper der DGHT-AG Urodela. – www.ag-urodela.de/downloads/axolotl_ccm_paper.pdf.

ARMSTRONG, J.B. (1985): The axolotl mutants. – Dev. Gen. 6: 1–25.

– & G.M. MALACINSKY (Hrsg.) (1989): Developmental Biology of the Axolotl. – Oxford University Press, Oxford.

–, S.T. DUHON & G.M. MALACINSKY (1989): Raising the Axolotl in captivity. – S. 220–227 in ARMSTRONG, J.B. & G.M. MALACINSKY (Hrsg.): Developmental Biology of the Axolotl. – Oxford University Press, Oxford.

–, L.L. GILLESPIE & G. COOPER (1983): Experimental studies on a lethal gene (t) in the Mexican axolotl, *Ambystoma mexicanum*. – J. Exp. Zool. 226: 423–430.

BANDT, H.J. & G.E. FREYTAG (1950): Die tödlichen pH-Werte für den Axolotl (*Siredon mexicanum*). – Mitt. Mus. Naturk. Vorgesch. Magdeburg 2(12): 129–132.

BEHLER, J.L. & F.W. KING (1998): National Audobon Society Field Guide to North American Reptiles and Amphibians. – Alfred A. Knopf Inc., New York, 16. Aufl.

BETTIN, C. (2003): Hypothalamus-, Hypophysen-,- und Thyroideafunktion in Korrelation mit der Reproduktion und Bezahnung bei *Ambystoma mexicanum*. – Unpubl. Inauguraldissertation im Fachbereich Biologie, Mathematisch Naturwissenschaftliche Fakultät der Westfälischen Wilhelms-Universität Münster.

BÖHME, W. (2001): Spontane Metamorphose eines Axolotls *Ambystoma mexicanum* (SHAW 1798) (Caudata, Ambystomatidae). – Salamandra 37(4): 261–263.

BORDZILOVSKAYA, N.P. & T.A. DETLAFF (1979): Table of stages of the normal development of axolotl embryos and the prognostication of timing of successive developmental stages at various temperatures. – Axolotl Newsletter 7: 2–22.

–, –, S.T. DUHON & G.M. MALACINSKY (1989): Developmental stage series of Axolotl embryos. – S. 201–219 in ARMSTRONG, J.B. & G.M. MALACINSKY (Hrsg.): Developmental Biology of the Axolotl. – Oxford University Press, Oxford.

BOYER, C.I. JR., K. BLACKLER & L.E. DELANNEY (1971): *Aeromonas hydrophila* infection in the mexican axolotl, *Siredon mexicanum*. – Lab.Anim.Sci. 21: 372–375.

BRAGG, A.N. (1965): Gnomes of the Night: The spadefoot toads. – Philadelphia, Univ. Pennsylvania Press.

BRANDON, R.A. (1989): Natural history of the axolotl and its relationship to other ambystomatid salamanders. – S. 14–21 in ARMSTRONG, J.B. & G.M. MALACINSKY (Hrsg.): Developmental Biology of the Axolotl. – Oxford University Press, Oxford.

BRIGGS, R (1972): Further studies on the maternal effect of the o gene in the Mexican axolotl. – J. Exp. Zool. 181: 271–280.

– & F. BRIGGS (1984): Discovery and initial characterization of a new conditional (temperature-sensitive) maternal effect mutation in the axolotl. – Differentiation 26: 176–181.

– & R.R. HUMPHREY (1962): Studies on the maternal effect of the semilethal gene, v, in the Mexican axolotl. I. Influence of temperature on the expression of the effect. II. Cytological changes in the affected embryos. – Dev. Biol. 5: 127–146.

– & T.J. KING (1952): Transplantation of living nuclei from blastula cells into enucleated frogs' eggs. – Proc. Nat. Acad. Sci. USA 58: 455–463.

–, J. SIGNORET & R.R. HUMPHREY (1964): Transplantation of nuclei of various cell types from neurulae of the Mexican Axolotl (*Ambystoma mexicanum*). – Dev. Biol. 10: 233–246.

BROTHERS, A.J. (1977): Instructions for the care and feeding of Axolotls. – Axolotl Newsletter 3: 9–16.

BRUN, R.B. (1978): Experimental analysis of the eyeless mutant in the Mexican axolotl (*Ambystoma mexicanum*). – Am. Zool. 18: 273–279.

BRUNST, V.V. (1969): Structures of spontaneous and transplanted tumors in the axolotl (*Siredon mexicanum*). – S. 215–219 in MIZELL, M. (Hrsg.): Biology of amphibian tumors. – Springer Verlag, New York.

CALDWELL, J.P. & M.C. DE ARAUJO (1998): Cannibalistic interactions resulting from indiscriminate predatory behaviour in tadpoles of poison frogs (Anura, Dendrobatidae). – Biotropica 30(1): 92–103.

CAMPBELL, L.J., E.C. SUÁREZ-CASTILLO, H. ORTIZ-ZUAZAGA, D. KNAPP, E.M. TANAKA & C.M. CREWS (2011): Gene expression profile of the regeneration epithelium during axolotl limb regeneration. – Dev. Dynam. 240: 1826–1840.

CLEMEN, G. (1979): Experimentelle Veränderungen am knöchernen Gaumenbogen der Axolotllarve und ihre Auswirkungen während der Metamorphose. – Zool. Anz. Jena 203: 23–34.

– & H. GREVEN (1980): Morphologische Untersuchungen an der Mundhöhle von Urodelen. V. Die Munddach-

Literatur

bezahnung von *Amphiuma* (Amphiumidae: Amphibia). - Bonn. Zool. Beitr. 31(3-4): 357-362.

- & - (1988): Morphological studies on the mouth cavity of urodela. IX. Teeth of the palate and the splenial in *Siren* and *Pseudobranchus* (Sirenidae: Amphibia). - Z. Zool. Syt. evolut.Forsch. 26: 135-143.

CONANT, R. (1975): A field guide to reptiles and amphibians of eastern and central North America. - Houghton Mifflin, Boston.

CONTRERAS, V., E. ENRIQUE MARTÍNEZ-MEYER, E. VALIENTE & L. ZAMBRANO (2009): Recent decline and potential distribution in the last remnant area of the microendemic Mexican axolotl (*Ambystoma mexicanum*). - Biol. Conserv. 142: 2881-2885.

CUVIER, G. (1817): Le Règne Animal distribué d'après son Organisation, pour servir de base a l'Histoire naturelle des Animaux, et d'Introduction a l'Anatomie comparée. Edition: Accompagnée de planches gravées. - Fortin, Masson et Cie, Libraires, Paris.

- (1822): Das Thierreich eingetheilt nach dem Bau der Thiere als Grundlage ihrer Naturgeschichte und der vergleichenden Anatomie. Aus dem Franz. frey übers. u. mit vielen Zusätzen vers. von H.R. SCHINZ. Bd. 2: Reptilien, Fische, Weichthiere, Ringelwürmer. - Cotta, Stuttgart, Tübingen, Deutschland, 835 S.

- (1828): Le Régne Animal distribué d´apres son Organisation, pour servir de l'Histoire naturelle des Animaux, et d´Introduction a l ´Anatomie compareè. - Fortin, Paris, 2. Aufl.

DARRAS, V.M. & E.R. KÜHN (1983): Effects of TRH, bovine TSH and pituary extracts on thyroidal T4 release in *Ambystoma mexicanum*. - Gen. Comp. Endocrinol. 51: 286-291.

- & - (1984):Difference of the in vivo responsiviness to thyrotropin stimulation between the neotenic and metamorphosed Axolotl, *Ambystoma mexicanum*: Failure of prolactin to block the thyrotropin-induced thyroxine release. - Gen. Comp. Endocrinol. 56: 321-325.

DARWIN, C.R. (1859): On the origin of species by means of natural selection, or the preservation of favoured races in the struggle for life. - John Murray, London, 1. Auflage, 502 S.

- & A.R. WALLACE (1858): On the tendency of species to form varieties; and on the perpetuation of varieties and species by natural means of selection. - Proc. Lin. Soc. 3: 45-62.

DAVID, L. (1932): Das Verhalten von Extremitätenregeneraten des weissen und pigmentierten Axolotl bei heteroplastischer, heterotoper und orthotoper Transplantation und sukzessiver Regeneration. - Springer, Berlin, 55 S.

DENT, J.N., J.S. KIRBY-SMITH & D.L. CRAIG (1955): Induction of metamorphosis in *Gyrinophilus palleucus*. - Anat. Rec. 121: 429.

DIBBLE, C.E. & A.J.O. ANDERSON (1963): Florentine Codex. General History of Things of New Spain, in 13 parts, by Fray Bernardino de Sahagun, vol. 12 - University of Utah, Salt Lake City.

DUHON, S.T. (1989): Diseases of axolotls. - S. 265-269 in ARMSTRONG, J.B. & G.M. MALACINSKY (Hrsg.): Developmental Biology of the Axolotl. - Oxford University Press, Oxford.

DUMÉRIL, A.H.A. (1870): Quatrieme notice sur la menagerie des reptiles du museum d'Histoire Naturelle. - Nouv. Arc. Mus. Hist. Natur., Paris, 5: 47-60.

- (1872): Notes complementaires sur les axolotls - Mem. Soc. Linn. N. Fr. 2 (1868-1871): 248-251.

DUNDEE, H.A. (1957): Partial metamorphosis induced in *Thyplomolge rathbuni*. - Copeia 1957: 52-53.

DUELLMAN, W.E. & L. TRUEB (1985): Biology of Amphibians. - McGraw-Hill Book Company, New York.

ECKERT, R. (1986): Tierphysiologie. - Georg Thieme Verlag, Stuttgart, New York, 2. Aufl.

EHMCKE, J. (1998): Salamander der Familie Plethodontidae in Costa Rica. - REPTILIA 3(1): 55-58.

ETKIN, W.N. (1935): The Mechanism of anuran metamorphosis I. thyroxin concentration and the metamorphic pattern. - J. Exp. Zool. 71: 317-340.

FIORONI, P. (1987):Allgemeine und Vergleichende Embryologie der Tiere. - Springer-Verlag, Berlin, Heidelberg, New York.

FREYTAG, G.E. (1970): Schwanzlurche und Blindwühlen. - S. 313-358 in Grzimeks Tierleben Bd. 5 Fische 2/ Lurche. - Kindler, Zürich.

- (1991): Klasse Amphibia-Lurche. - S. 323-330 in Urania Tierreich Bd. 4. - Urania-Verlag, Leipzig, Jena, Berlin.

FROST, D.R. (1985): Amphibian species of the world, a taxonomic and geographic reference. - Association of Systematics Collections, Lawrence.

- (2014): Amphibian Species of the World: an online reference. Version 6.0 (9. September 2014). - American Museum of Natural History, New York. Electronic Database abrufbar unter: http://research.amnh.org/vz/herpetology/amphibia.

FROST, S.K. (1989): Pigmentation and color variants. - S. 119-131 in ARMSTRONG, J.B. & G.M. MALACINSKY (Hrsg.): Developmental Biology of the Axolotl. - Oxford University Press, Oxford.

GEHLBACH, F.R. (1967): *Ambystoma tigrinum*. - Catalogue of American Amphibians and Reptiles 52: 1-4.

GEYER, H. & G.E. FREYTAG (1949): Über Kreuzungen zwischen Tigersalamander (*Ambystoma tigrinum*) und Axolotl (*Ambystoma mexicanum*) und ihre F -Generation. - Mitt. Mus. Naturk. Magdeburg 2: 9^2 23.

GILBERT, L.I. & E. FRIEDEN (Hrsg.) (1981): Metamorphosis. A problem in developmental biology. - Plenum Press,

New York, 2. Aufl.
GODLEWSKI, E. (1928): Untersuchungen über Auslösung und Hemmung der Regeneration beim Axolotl. – Dev. Gen. Evol. 114: 108–143.
GONSCHOREK, K.R. & H. ZUCCHI (1984): Über den Einsatz des Axolotls (*Ambystoma mexicanum*) im Biologieunterricht. – Der Biologieunterricht 20(2): 28–41.
GONZALES, A., J.L. CAMARILLO, F. MENDOZA, M. MANCILLA (1986): Impact of human expanding populations on the herpetofauna of the valley of Mexico. – Herpetol. Rev. 17: 30–31.
GOULD, S.J. (1977): Ontogeny and phylogeny. – Harvard University Press, Cambridge.
GREVEN, H. (1989): Teeth of extant amphibia: Morphology and some implications. – Proceedings in Zoology 35: 451–455.
– & G. CLEMEN (1979): Morphological studies on the mouth cavity of urodeles. IV: The teeth of the upper jaw and the palate in *Necturus maculosus* (RAFINESQUE) (Proteidae: Amphibia). – Arch Histol. Jap. 42 (4): 445–457.
– & – (1980): Morphological studies on the mouth cavity of urodeles. VI: The teeth of the upper jaw and the palate in *Andrias davidianus* (BLANCHARD) and *A. japonicus* (TEMMINCK) (Cryptobranchidae: Amphibia). – Amphibia-Reptilia 1: 49–59.
GRZIMEK, B. (1970): Grzimeks Tierleben. Bd. 5: Fische 2/ Lurche. – Kindler, Zürich.
GUDERNATSCH, J.F. (1912): Feeding experiments on tadpoles. I. The influence of specific organs given as food on growth and differentiation: A contribution to the knowledge of organs with internal secretion. – Arch. Entwicklungsmech. Organol. 35: 457–483.
HACKFORD, A.W., C.G. GILLIES, C. EASTWOOD & P.J. GOLDBLATT (1977): Thyroxine-induced gill resorption in the axolotl (*Ambystoma mexicanum*). – J. Morph. 153: 479–504.
HADORN, E. & R. WEHNER (1986): Allgemeine Zoologie. – Georg Thieme Verlag, Stuttgart, New York, 21. Aufl.
HARTWIG, H. & E. ROTMANN (1940): Experimentelle Untersuchungen an einem Massenauftreten von neotenen *Triton taeniatus*. – Arch. Entw. mechan. 140(2) :195–251.
HAUSMANN, K. & N. HÜLSMANN (1996): Einzellige Eukaryota: – S. 3–72 in WESTHEIDE, W. & R. RIEGER (Hrsg.): Spezielle Zoologie, Teil 1: Einzeller und Wirbellose Tiere. – Gustav Fischer Verlag, Stuttgart, Jena, New York.
HERNÁNDEZ DE TOLEDO, F. (1615): Quatro libros. De la naturaleza, y virtudes de las plantas, y animales que estan receuidos en el vso de medicina en la Nueua España. – Viuda de Diego Lopez Dávalos, Mexico, 202 S.
HERRMANN, H.-J. (1994): Amphibien im Aquarium. – Ulmer, Stuttgart.
HERRMANN, R. (1990): Leicht zu pflegen: Axolotl. – DATZ 2/90: 97–98.
HERTWIG, R. (1910): Lehrbuch der Zoologie. – Gustav Fischer Verlag, Jena, 9. Aufl.
HEUSSER, H. (1970): Laichfressen durch Kaulquappen als mögliche Ursache spezifischer Biotoppräferenzen und kurzer Laichzeiten bei europäischen Froschlurchen (Amphibia, Anura). – Oecologia 4: 83–88.
HUMBOLDT, A. (1806): Beobachtungen aus der Zoologie und Vergleichenden Anatomie, gesammelt auf einer Reise nach den Tropen-Ländern des neuen Kontinents, in den Jahren 1799, 1800, 1801, 1802, 1803 und 1804 von Al. von HUMBOLDT und A. BONPLAND. Bearbeitet und herausgegeben von Ersterem. – Tübingen bey F.G. Cotta, Paris bey Levrault, Schoell und Compagnie, 212 S.
HUMPHREY, R.R. (1944): The functional capacities of heteroplastic gonadal grafts in the Mexican axolotl, and some hybrid offspring of grafted animals. – Am. J. Anat. 75: 263–288.
– (1967): Albino Axolotl from an albino Tiger salamander trough hybridization. – J. Hered. 58(3): 95–101.
– (1969): Tumors of the testis in the Mexican axolotl (*Ambystoma* or *Siredon mexicanum*). – S. 220–228 in MIZELL, M. (Hrsg.): Biology of amphibian tumors. – Springer-Verlag, New York.
– (1977): Factors influencing ovulation in the Mexican axolotl as revealed by induced spawnings. – J. Exp. Zool. 199: 209–214.
JACOBS, G.F.M., R.P.A. MICHIELSEN & E.R. KÜHN (1988): Thyroxine and trijodthyronine in plasma and thyroids of the neotenic and metamorphosed axolotl *Ambystoma mexicanum*: Influence of TRH injections. – Gen. Comp. Endocrinol. 70: 145–151.
JUST, J.J., J. KRAUS-JUST & D.A. CHECK (1981): Survey of Chordate metamorphosis. – 265–326 in GILBERT, L.I. & E. FRIEDEN (Hrsg.): Metamorphosis. A problem in developmental biology. – Plenum Press, New York, 2. Aufl.
KANTOREK, S. (1993): Ultrastrukturelle Entwicklung und histochemische Aspekte des Oropharyngealepithels bei *Ambystoma mexicanum* und seine Determination im Vergleich zur Epidermis caudater Amphibien. – Inauguraldissertation; Westfälische-Wilhelms-Universität Münster.
KEZER, J. (1952): Thyroxin-induced metamorphosis of the neotenic salamanders *Eurycea tynerensis* and *Eurycea neotenes*. – Copeia 1952: 234–237.
KOLLMANN, J. (1885): Das Überwintern europäischer Frosch- und Tritonlarven und die Umwandlung des mexicanischen Axolotl. – Verh. naturf. Gesellsch. Basel 7.
KÜHN, E.R. & G.F.M. JACOBS (1989): Metamorphosis. –

Literatur

S. 187–197 in Armstrong, J.B. & G.M. Malacinsky (Hrsg.): Developmental Biology of the Axolotl. – Oxford University Press, Oxford.

Kuhn, O. (1925): Schilddrüsenfunktion und Neotenie bei Urodelen. – Biol. Zbl. 45.

Lafrentz, K. (1930): Untersuchungen über die Lebensgeschichte mexicanischer *Ambystoma*-Arten. – Abh. Ber. Mus. Nat.- u. Heimatk., Magdeburg, 6: 91–127.

Leffler, O.H. (1915): Zur Psychologie und Biologie des Axolotls. – Abh. Ber. Mus. Nat. u. Heimatk., Magdeburg, 3: 1–49.

McHedlishvili, L., H.H. Epperlein, A. Telzerow & E.M. Tanaka (2007): A clonal analysis of neural progenitors during axolotl spinal cord regeneration reveals evidence for both spatially restricted and multipotent progenitors. – Development 134: 2083–2093.

–, V. Mazurov, K.S. Grassme, K. Goehler, B. Robl, A. Tazaki, K. Roensch, A. Duemmler & E.M. Tanaka (2012): Reconstitution of the central and peripheral nervous system during salamander tail regeneration. – Proc. Nat. Acad. Sci. 109(34): 2258–2266.

Mehnert, V. (1992): Mexiko. – Martin Velbinger, Gräfelfing/München, 558 S.

Menger, B., P.M. Vogt, C. Allmeling, C. Radtke, J.W. Kuhbier & K. Reimers (2011): AmbLOXe – an epidermal lipoxygenase of the Mexican axolotl in the context of amphibian regeneration and its impact on human wound closure in vitro. – Ann. Surg. 253: 410–418.

Meyer, P. (1984): Taschenlexikon der Verhaltenskunde. – UTB, Schöningh-Verlag, Paderborn, München, Wien, Zürich.

Martin, G. (1989): Schmarotzer im Aquarium: Trichodinen. – DATZ 42: 692–693.

Noble, G.K. (1931): Biology of the amphibia. – McGraw Hill, New York.

Norris, D.O. (1985): Vertebrate Endocrinology. – Lea and Febiger, Philadelphia, 2. Aufl.

Oliphant, L.W. (1973): Epidermal xanthophores in a salamander. – Can. J. Zool. 51: 1007–1009.

Orton, G.L. (1954): Dimorphism in larval mouthparts in spadefoot toads of the *Scaphiophus mammondi* group. – Copeia 1954: 97–100.

Pedersen, S.C. (1991): Dental morphology of the cannibal morph in the tiger salamander *Ambystoma tigrinum*. – Amphibia-Reptilia 12: 1–14.

Pederzoli, A. & C. Restani (1998): Cultures of skin fragments of *Salamandra salamandra salamandra* (L.) larvae. – Pigm. Cell Res. 11: 103–109.

Pfennig, D.W. & J.P. Collins (1993): Kinship affects morphogenesis in cannibalistic salamanders. – Nature 326(6423): 836–838.

Prahlad, K.V. & L.E. DeLanney (1965): A study of induced metamorphosis in the axolotl. – Journal of Experimental Zoology 160: 137–146.

Rao, N., D. Jhamb, D.J. Milner, B. Li, F. Song, M. Wang, S.R. Voss, M. Palakal, M.W. King, B. Saranjami, H.L. Nye, J.A. Cameron & D.L. Stocum (2009): Proteomic analysis of blastema formation in regenerating axolotl limbs. – BioMed Cen. Biol. 7: 1–25.

Rehberg, F. (1990): Der Humphrey-Hybrid Axolotl, ein echter Albino. – DATZ 6/90: 343–346.

Reiss, C., U. Hossfeld & L. Olsson (2014): Zwischen Labor und Aquarium oder: Wie ein Amphib die Welt eroberte – 150 Jahre Axolotl. – Biol. unserer Zeit 44 (3): 189–195.

Remane, A., V. Storch & K. Welsch (1989): Kurzes Lehrbuch der Zoologie. – Gustav Fischer Verlag, Stuttgart, New York, 6. Aufl.

Reques, R. & M. Tejedo (1998): Intraspecific aggressive behaviour in fire salamander larvae (*Salamandra salamandra*): The effects of density and body size. – Herpetol. J. 6(1): 15–19.

Rose, F.L. & D. Armentrout (1976): Adaptive strategies of *Ambystoma tigrinum* (Green) inhabiting the Llano Estacado of West Texas. – Journal of Animal Ecology 45: 713–729.

Rosenkilde, P. & A. Phaff-Ussing (1990): Regulation of metamorphosis. – S. 125–138 in Hanke, W. (Hrsg.): Biology and Physiology of Amphibians. Fortschritte der Zoologie Bd. 38. – Gustav Fischer Verlag, Stuttgart, New York.

Roux, W. (1881): Der Kampf der Teile im Organismus. Ein Beitrag zur Vervollständigung der mechanischen Zweckmäßigkeitslehre. -Wilhelm Engelmann, Leipzig, 8, VIII, 247 S.

Sanders, W.T., J.R. Parsons & R.S. Santley (1979): The basin of Mexico. – Academic Press, New York.

Schinz, H.R. (1833): Naturgeschichte und Abbildungen der Reptilien. – Brodtmanns lithographische Anstalt, Schaffhausen, 102 S.

Schmidtlein, R. (Hrsg.) (1893): Brehms Tierleben. Kleine Ausgabe für Volk und Schule Bd. 3. Kriechtiere, Lurche, Fische, Insekten, Niedere Tiere. – Bibliographisches Institut, Leipzig und Wien, 2. Aufl.

Schreiber, G. (1933): Il problema biologico della neotenia assoluta. – Arch. Zool. Ital. 19.

Schreckenberg, G.M. & A.G. Jacobson (1975): Normal stages of development of the axolotl *Ambystoma mexicanum*. – Develop. Biol. 42: 391–400.

Shaffer, H.B. (1984): Evolution in a paedomorphic lineage. I. An electrophoretic analysis of the Mexican ambystomatid salamanders. – Evolution 38: 1194–1206.

Shaw, G. & R.P. Nodder (1798): The Naturalist's Miscellany: or, coloured Figures of Natural Objects, drawn and described immediately from Nature (1789–1813). – Royal Society, London, 9: Tafel 342 und 343.

Signoret, J., R. Briggs & R.R. Humphrey (1962): Nucle-

ar transplantation in the axolotl. – Dev. Biol. 4: 134–164.
SMITH, J.J., S. PUTTA, W. ZHU, G.M. PAO, I.M. VERMA, T. HUNTER, S.V. BRYANT, D.M. GARDINER, T.T. HARKINS & S.R. VOSS (2009): Genic regions of a large salamander genome contain long introns and novel genes. – BioMed Cen. Gen. 10: 1–11.
SMITH, H.M. (1989): Discovery of the axolotl and early history in biological research. – S. 3–12 in ARMSTRONG, J.B. & G.M. MALACINSKY (Hrsg.): Developmental Biology of the Axolotl. – Oxford University Press, Oxford.
– & R.B. SMITH (1971): Synopsis of the herpetofauna of Mexico. Vol. 1. – Verlag Eric Lundberg, Virginia.
– & E.H. TAYLOR (1948): An annotated checklist and key to the amphibians of mexico. – Bull. US. Natl. Mus. i–iv: 1–118.
SMITH-GILL, S.J. & V. CARVER (1981): Biochemical characterization of organ differentiation and maturation. – S. 491–544 in GILBERT, L.I. & E. FRIEDEN (Hrsg.): Metamorphosis. A problem in developmental biology. – Plenum Press, New York, 2. Aufl.
SNIESZKO, S.F. (1972): Nutritional fish diseases. – S. 407–437 in HALVER, J.E. (Hrsg.): Fish nutrition. – Academic Press, New York.
SOBKOW, L., H.H. EPPERLEIN, S. HERKLOTZ, W.L. STRAUBE & E.M. TANAKA (2006): A germline GFP transgenic axolotl and its use to track cell fate: dual origin of the fin mesenchyme during development and the fate of blood cells during regeneration. – Develop. Biol. 290: 386–397.
SPEMANN, H. (1938): Embryonic Development and Induction. – Yale University Press, New Haven, 401 S.
STEBBINS, R.C. (1985): A field guide to western reptiles and amphibians. – Houghton Mifflin, Boston.
STRYER, L. (1990): Biochemie. – Verlag Spektrum der Wissenschaft, Heidelberg.
TAKEUCHI, H., I. SHUJI, Y. KAGAWA & T. NAGAI (1997): Taste disks are induced in the lingual epithelium of salamanders during metamorphosis. – Chemical senses 22: 535–545.
TANAKA, E.M. & P.W. REDDIEN (2011): The cellular basis for animal regeneration. – Dev. Cell 21: 172–185.
THIEL, H. (1939): Histologische Untersuchungen an Skelettmuskeln von Urodelen. – Cell Tiss. Res. 30: 67–77.
THOMAS, R.M. (1976): The Mexican Axolotl in schools. – J. Biol. Educ. 10: 291–298.
TIEDEMANN, F. & M. HÄUPL (1979): Ein neuer Fund neotener *Triturus v. vulgaris* (L.) in Österreich. – Ann. Naturhistor. Mus. Wien 82: 467–470.
TIHEN, J.A. (1958): Comments on the osteology and phylogeny of ambystomatid salamanders. – Bull. Fla. St. Mus. Biol. Scien. 3: 1–50.
UHLENHUTH, E. (1922): The effect of iodine and iodothyrin on the larvae of salamanders. III. The role of the iodine in the specific action of the thyroid hormone as tested in the metamorphosis of the Axolotl larvae. – Biol. Bull. Woods Hole 42: 143–152.
VAN DUIJN, C. (1973): Diseases of Fish. – Iliffe Books, London, 3. Aufl.
VOSS, S.R. & H.B. SHAFFER (1997): Adaptive evolution via a major gene effect: Paedomorphosis in the Mexican axolotl. – Proc. Natl. Acad. Sci. 94: 14185–14189.
–, H.H. EPPERLEIN & E.M. TANAKA (2009): *Ambystoma mexicanum*, the axolotl: a versatile amphibian model for regeneration, development, and evolution studies. – Cold Spring Harbour Protocols (8): pdb.emo128
WAKE, M.H. (1997): Amphibian locomotion in evolutionary time. – Zoology 100(3): 141–151.
WAKAHARA, M. (1995): Cannibalism and the resulting dimorphism in larvae of a salamander *Hynobius retardatus*, inhabited in Hokkaido, Japan. – Zool. Sci. 12: 467–473.
WHITE, B.A., C.S. NICOLL (1981): Hormonal control of amphibian metamorphosis. – S. 363–396 in GILBERT, L.I. & E. FRIEDEN (Hrsg.): Metamorphosis. A problem in developmental biology. – Plenum Press, New York, 2. Aufl.
WILBUR, H.M. (1972): Competition, predation, and the structure of the *Ambystoma-Rana sylvatica* community. – Ecology 53: 3–21.
WILDY, E.L., D.P. CHIVERS, J.M. KIESECKER & A.R. BLAUSTEIN (1998): Cannibalism enhances growth in larval long toed salamanders (*Ambystoma macrodactylum*). – J. Herpetol. 32(2): 286–289.
WISTUBA, J. (1996): Über die Haltung und Zucht von Mexikanischen Axolotl. – REPTILIA 1(2): 43–46.
– (2000): Studien zur Bildung und zum Abbau der Zähne bei *Ambystoma mexicanum* (SHAW). – Inauguraldissertation, Westfälische-Wilhelms-Universität Münster (1999). – Tectum Verlag Marburg, Edition Wissenschaft, Reihe Biologie, Bd. 209.
– (2013): Der Axolotl und die Wissenschaft: Eine „Entwicklungsgeschichte". – Sekretär 13: 1–20.
– & C. BETTIN (2003): Ist Spontanmetamorphose bei *Ambystoma mexicanum* (SHAW 1798) (Caudata: Ambystomatidae) möglich? – Salamandra 39: 61–64.
– & G. CLEMEN (1998): Changes of the lingual epithelium in *Ambystoma mexicanum*. – Eur. J. Morphol. 36(4–5): 253–265.
–, A. OPOLKA & G. CLEMEN (1999): The epithelium of the tongue of *Ambystoma mexicanum*. Ultrastructural and histochemical aspects. – Anat. Anz. 181(6): 523–536.
ZUCCHI, H. & R. GONSCHOREK (1983): Zur Biologie insbesondere zur Verhaltensbiologie des Axolotls *Ambystoma mexicanum* (SHAW 1789) (Caudata: Ambystomatidae). – Salamandra 19(3): 123–140.

Bücher für Ihr Hobby

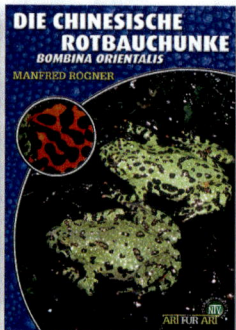
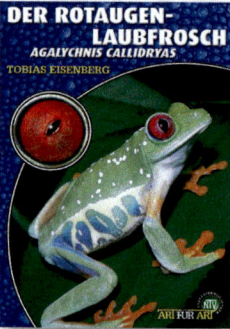
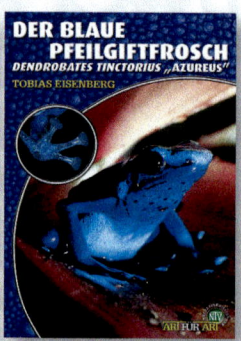
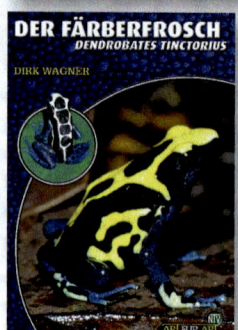

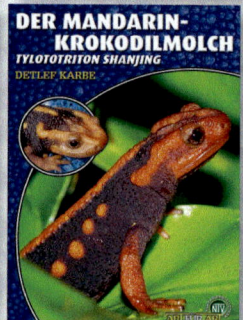

Art für Art stellen Ihnen die Bücher dieser Reihe die beliebtesten Terrarientiere vor. Jeder Band bietet Ihnen detaillierte, praxisnahe Pflegeanleitungen, und Sie finden alle Informationen, die Sie brauchen, um Ihre Tiere erfolgreich zu vermehren.

Das alles auf 64 Seiten durchgängig farbig, großzügig bebildert und attraktiv gestaltet – Art für Art.

Je Band 14,80 €

Der Zwergkrallenfrosch
(*Hymenochirus boettgeri*)
ISBN 978-3-937285-13-9

Die Chinesische Rotbauchunke
(*Bombina orientalis*)
ISBN 978-3-937285-18-4

Der Rotaugenlaubfrosch
(*Agalychnis callidryas*)
ISBN 978-3-937285-40-5

Der Blaue Pfeilgiftfrosch
(*Dendrobates tinctorius „azureus"*)
ISBN 978-3-937285-04-7

Der Färberfrosch
(*Dendrobates tinctorius*)
ISBN 978-3-86659-069-4

Der Goldbaumsteiger
(*Dendrobates auratus*)
ISBN 978-3-86659-188-2

Der Mandarin-Krokodilmolch
(*Tylototriton shanjing*)
ISBN 978-3-86659-182-0

Der Zagros-Molch
(*Neurergus kaiseri*)
ISBN 978-3-86659-196-7

Natur und Tier - Verlag GmbH
An der Kleimannbrücke 39/41 · 48157 Münster
Telefon: 0251-13339-0 · Fax: 0251-13339-33
E-Mail: verlag@ms-verlag.de

Feuersalamander machen einfach Spaß!

Die sagenumwobenen, leuchtend gefärbten Sympathieträger zählen wegen ihres liebenswerten Wesens und der faszinierenden Lebensweise zu den Klassikern der Terraristik – nicht nur Kinder sind bei ihrem Anblick „Feuer und Flamme". Dieses praxisnahe Buch vermittelt Ihnen alles Wissenswerte rund um die erfolgreiche Haltung und Nachzucht der wundervollen Tiere. Darüber hinaus stellt es sämtliche Arten und Unterarten der Feuersalamander detailliert und mit prachtvollen Fotos vor.

Feuersalamander

S. Schorn, Axel Kwet

144 Seiten
202 Fotos, 1 Karte
Softcover
Format 16,8 x 21,8 cm
ISBN 978-3-86659-156-1

24,80 €

Molche & Salamander

F. Pasmans, S. Bogaerts,
H. Janssen & M. Sparreboom

248 Seiten, zahlreiche Fotos
Format 16,8 x 21,8 cm
Softcover
ISBN 978-3-86659-266-7

39,80 €

Schwanzlurche bestechen durch leuchtende Farben, bizarre, an Drachen erinnernde Rückenkämme und spannend zu beobachtende Verhaltensweisen.

In diesem opulent bebilderten Praxisratgeber beschreibt ein Team erfahrener Halter und Züchter ausführlich die Grundlagen der erfolgreichen Pflege und verrät, wie es auch mit der Vermehrung klappt. In über 60 Artporträts von Molchen, Salamandern und sogar Blindwühlen gehen die Autoren detailliert auf die jeweiligen Besonderheiten ein, die es zu beachten gilt.

www.ms-verlag.de

 **Bücher für Ihr Hobby**

Faszinierende Pfeilgiftfrösche
S. Salterberg
104 Seiten, zahlreiche Fotos, Grafiken
Format 16,8 x 21,8 cm
Softcover
ISBN 978-3-86659-299-5
24,80 €

Pfeilgiftfrösche gehören nicht nur aufgrund ihrer plakativen Farben und außergewöhnlichen Muster zu den faszinierendsten Pfleglingen im Terrrarium. Auch das komplexe gut zu beobachtende Brutpflegeverhalten trägt maßgeblich zur Beliebtheit dieser Amphibien bei.

In diesem Buch leitet Sven Salterberg anschaulich und gut verständlich durch alle wichtigen Themenbereiche. Der langjährige Praktiker gibt nicht nur zahlreiche Anregungen zur Haltung, Pflege und Zucht, sondern auch konkrete Tipps zur Technik und richtigen Ernährung von Pfeilgiftfröschen, zu den geeigneten Futtertieren und ihre Zucht.

Krallenfrösche • Zwergkrallenfrösche • Wabenkröten
Pipidae in Natur & Menschenhand
K. Kunz

128 Seiten, 153 Abbildungen
Softcover
Format: 16,8 x 21,8 cm
ISBN 978-3-931587-75-8
24,80 €

Für Amphibien-Freunde, Aquarianer, Studenten und Dozenten gleichermaßen: REPTILIA-Redakteur Kriton Kunz schildert aus langjähriger eigener Erfahrung mit diesen faszinierenden Tieren und ihrem ganz erstaunlichen und beeindruckenden Verhalten die Pflege und Nachzucht von Krallenfröschen, Zwergkrallen-fröschen und Wabenkröten:

Von der Einrichtung des artgerechten Beckens über die ausgewogene Fütterung bis hin zu Paarungsstimulation und Aufzucht der Kaulquappen bzw. Jungtiere werden alle relevanten Aspekte anschaulich und praxisnah behandelt.

Natur und Tier - Verlag GmbH
An der Kleimannbrücke 39/41 · 48157 Münster
Telefon: 0251-13339-0 · Fax: 0251-13339-33
E-Mail: verlag@ms-verlag.de

www.ms-verlag.de